无路才有路

总裁方法派
创始人倾情奉献

拯华 著

北方文艺出版社

图书在版编目（CIP）数据

无路才有路 / 拯华著 . -- 哈尔滨：北方文艺出版社，2019.11
ISBN 978-7-5317-4637-9

Ⅰ.①无… Ⅱ.①拯… Ⅲ.①成功心理 – 通俗读物 Ⅳ.① B848.4-49

中国版本图书馆 CIP 数据核字（2019）第 191689 号

无路才有路
WULU CAIYOULU

作　　者 / 拯　华	
责任编辑 / 富翔强　徐　昕	封面设计 / 张　爽
出版发行 / 北方文艺出版社	邮　编 / 150080
发行电话 /（0451）85951921　85951915	经　销 / 新华书店
地　　址 / 哈尔滨市南岗区林兴街 3 号	网　址 / www.bfwy.com
印　　刷 / 郑州中都印务有限公司	开　本 / 710mm×1000mm　1/16
字　　数 / 116 千	印　张 / 12.125
版　　次 / 2019 年 11 月第 1 版	印　次 / 2019 年 11 月第 1 次印刷
书　　号 / ISBN 978-7-5317-4637-9	定　价 / 58.00 元

前　言

退路多了，前面就没有路；而斩断退路，前面就会有一万条成功的路！

《无路才有路》揭秘了这一全世界最厉害的成功哲学！究其原因，是因为人类万年不变的本性使然。任何人只要参透了其中的奥秘，就能够获得难以想象的、巨大的成功！本书内容能让你迅速解决所有问题，跨越所有障碍，达成期望的目标！让你成功到达人生的巅峰！

这是一本让很多人看了都会"后悔"的书，他们后悔没有早点看到，如果早点看到，就能够获得更大的成功！

朋友，如果你还有梦想，如果你成功之后还想获得更大的成功，那么就读一下此书；如果你想拥有辉煌的人生，也要读一下此书；而如果你想让你最好的朋友或亲人更加成功，那就把这本书送给他吧！

谨以此书献给正在奋斗的年轻人，让自己来到这个世界的短短两万多天不再虚度，尽快成功！对年轻人来说，这是一本送给自己最好的礼物，因为这是一本顶尖的成功秘籍！当您拿起此书的那一刻，就决定了您的命运或许将会改变！

同时，也将此书献给那些事业有成的中年人，人生还剩一万多天，"把自己再当18岁时用一次！"再拼搏一次，让自己的后半生更加成功，不留遗憾，同时也给自己的儿女做一个榜样。

最后，我还要将此书献给我的晚年。当我临死之时，我会说，我今生已经"搏到尽"，我没有遗憾。

《无路才有路》一定能让你成功。对此，你不用有任何怀疑，因为无数人都已经实践过。也许有人会说，有些人即使遇到绝境或者自断退路也不会成功，那是因为他没有读过此书，没有相信本书中所讲的内容，只要他相信并且去做，就没有不成功的！

你想更加成功吗？那就先从下定决心在一周之内读完此书开始，否则就不要再找任何原因！

几乎所有的励志书籍都是兴奋剂和麻醉剂，它能让你兴奋和陶醉，却无法让你成功。本书内容可能会让你不舒服，但却能够真正令你迅速成功！

目 录

第一章　没有退路，只能前进 / 001

人在没有退路的时候，前面就有路了。人们一旦没有退路，就只能拼死前进，那时就会迸发出令人惊叹的能量，完成自己平时所完成不了的目标。

第二章　不成功的人，大多是因为退路太多 / 015

一个人只要有退路，在他遇到困难的时候，就会出于本能不断退缩，这是人的本性使然。无数的人才就是这样被埋没了，他们的人生，本来可以发出耀眼的光芒，他们本来可以功成名就，做出一番事业，真是可悲可叹！

第三章　只要决心足够大，没有完不成的目标 / 029

　　成功就是下定决心并且坚持下去，直到成功。你成功路上的"敌人"，也会"欺软怕硬"，也是"看人下菜"。当你下定决心发誓一定要成功，一定要战胜这个阻挡你成功的"对手"的时候，你就会发现，所有障碍、所有困难、所有挫折在成功面前都不值一提。

第四章　没有退路，实际上决心才会最大化 / 045

　　当人们处于绝境之中，"完全放松"的那一刻，他是不会怕死的，因为这个时候最担心的事情都发生了，就没有什么再让自己害怕的事情。什么叫真正的绝路，真正的绝路就是让人连死都不怕。一个人连死都不怕的时候，决心才最大。当他下定足够大的决心，向着生命高地发起冲锋、拼命奋斗的时候，他就一定能够获得成功！

第五章　没有退路的时候，成功的要素突然间全都具备了 / 061

　　成功需要的十个要素，在顺境之中要想具备简直太难了，而在绝境之中，这些要素突然一下子全都来了，好像成功需要哪些要素，就自动补齐哪些要素，成功突然变得水到渠成。

第六章　为什么军事化管理是世界上最强大的管理 / 109

这种"生死之地，存亡之道"实际上就是一种"绝境"，这种绝境使军队只能胜，不能败，否则等待自己的，就是灭亡的命运。在灭亡这种巨大的威胁之下，能够存活下来的军队，一定是战斗力最强的军队，一定是发挥出了团队最大潜力的军队，一定是运用了最有效、最强大管理方法的军队。军事化管理是不断淘汰、不断筛选后的最优结果，它是用战争这种最残酷的手段，是用死亡的代价换来的。

第七章　为什么"围师必阙，穷寇勿迫" / 121

给别人留条退路，自己的路才好走。"得饶人处且饶人"，凡事不要做得太绝。否则把别人逼得无路可退，把别人逼入绝境之中，他就会跟你拼命，跟你决一死战，这个时候，就会给自己造成很大的麻烦，甚至反过来把自己逼得无路可走，最终导致自己的失败。

第八章　自断退路，人生就一定会更加成功 / 137

我向上天请求，给我绝境吧！如果上天不给，那我就自己创造绝境！为了成功，我会自断退路，自设绝境！逼自己爆发出所有的能量，从而迅速成功。任何一个人，为了达成目标，在关键时刻如果敢于自断后路，自设绝境，把自己置于无路可退的悬崖边上，就一定能够成功。因为，如果不成功，就死无葬身之地！

第九章　断了退路，会有无数成功的方法 / 157

人与人之间原本差距并不大，但人活一辈子，有些人只能从事一份辛苦的工作，操劳一生却只能解决温饱，而有些人却能够赚取亿万财富，赚取别人100倍、1000倍，甚至超过别人10000倍的财富。难道这些人脑子的聪明程度会超过普通人10000倍吗？！对于成功来说，方法最重要！在没有退路的时候，不懂方法自然就会去学。

第十章　现在，你就能立即获得巨大的成功 / 171

本章内容，能让任何一个想更加成功的人，立即获取属于他们的成功！只需要五个简单步骤，就能够让任何人获得巨大的成功！只要按照这五个步骤去做，任何人都能够获得难以想象的、巨大的成功！只要按照这五个步骤去做，任何人都能够创造出辉煌、绚烂、幸福快乐的人生！

结　语 / 181

后　记 / 185

第一章
没有退路，只能前进

　　人在没有退路的时候，前面就有路了。人们一旦没有退路，就只能拼死前进，那时就会迸发出令人惊叹的能量，完成自己平时所完成不了的目标。

第一章　没有退路，只能前进

抗日战争时期，在一次激烈的战役中，我军一个连被日军打得只剩下二十几个人，不到一个排，最后被数千日军重重包围，已经没有任何生还的希望。

此时连长跟大家说，先别打了，他招呼所有人都过来坐下。连长说，我们现在已经被几千日军围了几层，肯定是要战死的。在死之前，我们大家都来聊聊，自己这一辈子还有什么遗憾，还有什么愿望没有实现。

此时围坐在一起的战士话匣子一下子打开了。其中有个年轻的战士嬉皮笑脸地说，他这辈子最遗憾的是，长这么大还没牵过女人的手。大家听到后都哈哈大笑，连长说，不要笑，这算一个，还有吗？

另外一个战士说，自己还没个一儿半女，没有留后，有几个战士听到后连连点头，因为自己也是属于这种情况，在死之前，还没有儿女。

还有些战士说，自己家里还有老娘，这辈子还没有孝敬过老娘，自己死后就没人给老娘养老送终，感觉这是自己最大的一个遗憾。

无路才有路

最后连长总结，大家最大的遗憾就是这三条：一是没有牵过女人的手，二是没有留后，三是没有孝敬老娘。然后连长给这二十几个战士动员说，**我们现在被围，眼看就要战死，既然这样，我们为了不留下这三个遗憾，为了有机会实现这三个愿望，大家要不要试一下，看能不能杀出去？反正怎么死都是死！**

听到这里，战士们的士气一下子振奋了起来，都齐声说好！都决心拼死一战！于是所有战士身上绑上炸药，端起冲锋枪，不要命地进行突围……最后这二十几个战士，在连长带领下竟然奇迹般地全都活着冲了出来。

这就是《孙子兵法》中讲的"置之死地而后生"。

人在处于绝路的时候，被激发出来的潜力是很多人所不敢想象的。人们一旦没有退路，就只能拼死前进，那么潜力就很容易被激发出来，那时就会迸发出令人惊叹的能量，完成自己平时所完成不了的目标。

我们每个人都有梦想，但绝大多数人都只是想想而已，并没有真正去行动，最终当然是没有实现。这些梦想难道就那么难实现吗？显然没有那么难，其实很多梦想，只要你真的下决心想去实现的时候，发现都是可以实现的。

第一章　没有退路，只能前进

我们每个人都有或远或近、或大或小的目标。但很多人即使有目标，最后往往也实现不了。而绝大多数人的目标没有实现，都是因为自己还没有被逼到绝路上。一个人如果突然没有了退路，那么他就只能前进，这个时候，目标就很容易实现。

在澳大利亚，有一个中国留学生，为了攒够读书和生活的费用，他放过羊、割过草、收过庄稼，也到餐馆刷过盘子……只要能赚钱他什么都做。有一天，他看见报纸上刊出了澳洲电讯公司招聘线路监控员的信息，招聘启事上那三万五千澳元的年薪吸引了他，于是他就大着胆子去面试。

当所有面试流程全都通过，眼看他就要得到那个诱人的职位，没想到在最后关头，招聘主管问他："你有车吗？你会开车吗？我们这份工作要时常外出，没有车寸步难行。"澳大利亚地广人稀，几乎所有人都有汽车，可这位留学生初来乍到还属于"无车族"。但为了争取这个极具诱惑力的工作，他咬着牙回答："有！会！""4天后，开着你的车来上班吧。"主管说。

若是换作常人，遇到这种看上去无法克服的困难早就放弃了，但这位留学生为了生存，他太想得到那个高薪的工作了。在他回答"有！会！"的时候，他就已经把自己置于一个无路可退的悬崖边上，那么他就只能拼命前进，不能后退。为了得到那个职位，他豁出去了，他一定要在4天之内完成买车、学车的过程，再难也

无路才有路

要完成！

面试结束当天，他就从华人朋友那借了500澳元，从旧车市场买了一辆破旧的二手车。第一天他跟华人朋友学习简单的驾驶技术，第二天在朋友屋后的那块大草坪上摸索练习，第三天歪歪斜斜地开着车上了公路，第四天他居然驾车去公司报了到。

后来，他成为"澳洲电讯"的业务主管……

一个人，在任何时候，都要敢于挑战自己，不要被困难吓倒。要勇敢树立起自己的人生目标，勇攀高峰。人们在面对无路可退的境地时，反而不会害怕，不再犹豫。而是变得勇敢无比，集中精力奋勇向前，往往最终都会出人意料地完成目标。

什么都是争取来的，考一个好成绩是自己努力争取来的，考上一所自己喜欢的大学也是自己争取来的，到某个自己想去的城市、找一份自己理想的工作、赚钱、买房、买车、找女朋友、结婚，包括你的成功、受人尊重等等，都是争取来的。如果你不争取，什么都不会有。

我们大多数人活在这个世上只有短短两万多天，在漫漫的历史长河中，我们短暂的一生就如同那流星上的一片火花。为了让这片火花迸发出绚丽的光彩，为了使自己不白活一回，就要大胆地调高自己的目标。让自己的目标大一些，再大一些，只有这样，才对得起自己的人生。

第一章　没有退路，只能前进

如果感到自己的目标难以实现，就要自断后路，把自己置于无路可退的悬崖边上，这个时候我们就只能拼命前进。只要我们一次又一次勇敢地向这个目标发起冲锋，一次又一次把自己逼上绝路，你就会发现自己的人生过得非常精彩，你的任何目标都会实现。

2006年《乔家大院》（原著作者为朱秀海，由胡玫执导，陈建斌、蒋勤勤、马伊琍等主演）热播，历史上的少年乔致庸过着无忧无虑的生活，从未经商，一心只想读书考取功名。他本来对经商毫无兴趣，不愿意去经商，乔家生意一直由他大哥一手掌管。后来由于他大哥大量借贷想垄断高粱货源，结果生意失败，之后又病重去世。最后债主蜂拥而至，上门讨债，乔家生意已经资不抵债，眼看就要破产。

在这危难关头，乔致庸突然成了乔家的顶梁柱，所有人都指望乔致庸能带领乔家走出困境，把生意重新做起来。

这个时候乔致庸实际上就被逼上了绝路，只能弃文从商接手生意。他已经无路可退，因为大量债主很快就要把乔家生意全都抢走，连他们居住的院子也会被债主拿走，他们一家老小即将流落街头，无家可归。

在这种情况下，乔致庸只能用尽所有办法，拼死挽救乔家生意。经过乔致庸一系列不断的努力之后，乔家生意终于起死回生。

无路才有路

在退无可退的情况之下，乔致庸不但把乔家生意从濒临破产的边缘挽救了过来，最后还把乔家生意做到富可敌国，生意遍布全国各地，在中国商界史上写下重重一笔。

乔家生意就是在他的带领下，达到了资产数千万两白银的规模，连当时的慈禧太后也要向他借钱。

原来的乔致庸调皮顽劣，衣食无忧，从来不愿意经商。如果不是这突如其来的变故逼得他走上经商之路，他绝不可能有后来的成就。

一个人在突然没有退路的时候，往往只能拼死一战，奋勇向前，发挥出巨大的潜力，做出令人惊叹的成就。

很多著名的历史人物，都是因为外部客观环境的变化，让他突然没有了退路，在被逼无奈之下奋起反抗，才得以青史留名。

中国历史上第一次大规模的农民起义就是这样产生的。公元前209年，陈胜和900名穷苦农民在两名秦吏押送下被朝廷征兵去戍守渔阳，当行至大泽乡时，遇到连日大雨，道路被洪水阻断。如果不能按时到达，所有人都要被处斩，而现在他们已经延误了行期。

此时陈胜这帮人就被逼上了绝路，因为去也是死，不去也是死，在这种没有退路的处境之下，陈胜只能起义……最终，陈胜在无路可走的情况下被逼燃起的这把熊熊之火，烧遍了全国各地，

第一章　没有退路，只能前进

曾经横扫天下的秦军，连同把全国统治得像铁桶一样的秦朝，就这样灭亡了。

如果不是遇到连日大雨阻断了道路，如果不是被逼上绝路，陈胜就不会号召大家起义，可他遇到了，他在没有选择的情况下只能奋起反抗，历史选择了让他来做第一个反抗秦朝残暴统治的起义领袖。

人们在没有被逼上绝路的时候就像一群乖乖的羔羊，但一旦被逼上绝路无路可退，就只能拼死前进。这个时候，就能迸发出像火山爆发般无穷的能量，做出惊天动地的事情。

美国有线电视新闻网（简称CNN）是全美最大的有线电视新闻网，它的创办者特德·特纳，在1991年被评为《时代》周刊年度风云人物，个人资产在美国超级富豪中排名第26位。

但他在上大学期间却是一位从不好好学习，整日喝酒、打架的顽主，性格反叛，生活堕落，最后因为在女生宿舍胡闹，被校方开除，从此他再也没有进过这所学校。

他父亲经营一家广告公司，后来因为债务过于沉重陷入困境，最后选择了自杀。这个突如其来的变故让特纳一下子没有了退路，只能接手父亲的公司与竞争对手进行疯狂的对抗。他把所有的精力全都投入到工作中，让这家公司不断发展，不断壮大，最终成为一家世界500强企业。

如果特纳父亲的广告公司没有陷入困境，如果特纳的父亲没有自杀，如果特纳没有陷入这种无路可退的绝境之中，他可能还会继续他以往的生活，继续喝酒、打架、与女人鬼混。而他一下子陷入绝境之后，他突然惊醒了，他要为了挽救父亲的公司拼死一战，他突然变成了另外一个人，为了事业变得疯狂起来，最终成就了一家伟大的企业。

人们在有太多选择的时候都是痛苦的，而如果只有一条路，没有选择的时候才是最幸福的。**如果成功只有一条路，那么每个人都会成功，很多人不成功不是因为没有路，而是因为路太多了。**人们如果选择太多，就会犹豫不决，一会儿做这个，一会儿又想做那个，反正机会有的是，就会不着急，就会想着以后再说……结果很多人就是因为这样一生一事无成！

贝多芬是世界著名的音乐大师；罗斯福是美国历史上唯一一位连任四届的总统，他是美国最受欢迎的总统之一；在深圳富士康有一个叫李晓光的员工，截至2016年，他累计提出专利申请超过600件，已获得国内外官方知识产权局授权的专利超过200件，为富士康累计创造经济价值超过百亿元人民币……

第一章　没有退路，只能前进

但你知道吗？他们都是残疾人！

正当贝多芬醉心于音乐创作时，他患了一场大病，他的身体越来越差，他的身体受到病魔的侵扰……最终，病魔摧毁了他的身体，也夺走了他的听力。对一个音乐家来说，成为聋人对他来说是一个多么残酷的打击？这简直就是对他的音乐创作判了死刑！

贝多芬从二十六岁开始听力急剧下降，三十岁的时候就基本失聪了，为了创作，贝多芬找来一根木棍，一头连接钢琴，一头咬在嘴里（骨传导原理）。贝多芬就是在失聪的状态下写出了轰动世界并流传至今的、伟大的交响乐作品。

1921年8月，罗斯福在度假时遇到当地森林发生大火，他毫不犹豫地投入到大火扑救工作中，大火被扑灭以后，罗斯福跳到冰凉的海水中洗澡，之后，他患上了可怕的疾病，疾病让他终生无法站立，只能依靠轮椅。

1928年，罗斯福重返政坛，当选纽约州州长，1929年连任州长，1932年竞选美国总统。1933年，罗斯福终于以绝对优势击败胡佛，成为美国总统。之后美国对日、德宣战，为第二次世界大战的胜利做出了巨大贡献……罗斯福成为美国历史上唯一一位连任四届的总统。

李晓光因为煤气意外爆炸，父母双亡，烧伤面积超过80%，嘴巴被烧到变形只剩下一个小孔，只有一根手指能动，数次绝望地想要跳楼自杀，当他来到深圳富士康之后，投入到忘我的科研中去，做出了巨大的成就。他靠着仅剩一只能用的手指和坚强的毅力，到2016年，完成的专利超过600件，而被国内外官方授予的专利超过200件，为富士康累计创造经济价值超过百亿元人民币。

李晓光成为"发明大王""专利富翁"，并获奖无数，谱写出人生壮丽的篇章。

我们经常发现，很多连正常人都难以做到的事情，有些残疾人不但做到了，而且做得非常成功！

我们每个人的潜力都是巨大的，但绝大部分潜力都没有得到发挥。因为人们处于顺境中的大部分时间，都在不断地丧失自己的斗志，不断丧失生命中最原始的豪迈与激情。

顺境是一种麻醉剂和腐蚀剂，它让人们丧失理想，它让人们的目标越来越小，甚至没有目标，它让人们得过且过，小富即安。

绝境，绝不仅仅是一场磨难，它更是一场促使我们改变命运

第一章 没有退路，只能前进

的机会，它能使我们在迷醉中突然醒悟和升华，它能让我们迅速做出改变，它能让我们突然爆发出巨大的潜能，它能让我们立即突破困境，获得成功。所以，绝境是上天对我们的垂爱。每个人成功之后，他最感谢的不是顺境，而是绝境！因为如果没有绝境，一直处于顺境之中，他可能就不会获得如此巨大的成功！

在安逸的时候，大多数人就像温顺的羔羊，没有斗志得过且过，做不出什么大的成就，也很难获得成功。而一个人只有被逼上绝境，变的无路可退的时候，往往就会奋勇前进，此时他就能变成一只充满斗志的野狼，变成一只凶猛的老虎。这个时候他身体内蕴藏着的巨大潜能就像火山一样喷发出来，他就能做出巨大的成就，获得巨大的成功！

这是两种截然不同、差别巨大的人生！

第二章
不成功的人,大多是因为退路太多

　　一个人只要有退路,在他遇到困难的时候,就会出于本能不断退缩,这是人的本性使然。无数的人才就是这样被埋没了,他们的人生,本来可以发出耀眼的光芒,他们本来可以功成名就,做出一番事业,真是可悲可叹!

第二章　不成功的人，大多是因为退路太多

有一位英语专业的大学毕业生从外地来深圳找工作，为了省钱，住在他前女友的哥哥家里。前女友的哥哥因为刚刚特警转业参加工作不久，所以买的是一套一房一厅的小房子，他哥哥和嫂子住卧室，他晚上就睡在客厅沙发上。

2000年那会儿在深圳找工作是不太容易的，那时候到深圳找工作的人太多，而当时的深圳还不大，招工的企业也少，同时互联网还不发达，找工作都是买一张报纸看招聘广告，或者到人才市场去找工作。

刚开始一两个星期这位毕业生还算积极，几乎每天都出去找工作，但由于找工作连续失败，受到打击之后内心非常难过。一段时间之后，就变得消极起来，他越来越怕挫折，越来越怕出去找工作。

而在家不出去是很舒服的，反正有地方住，所以他就越来越懒得出去。于是，就这样继续着，他晚上睡在他前女友哥哥家的客厅里，白天他哥哥和嫂子上班之后，他就在家看电视。

这样的日子过得很快，时间一晃过了几个月，他还是没有找

到工作，继续睡在他前女友的哥哥家里。他哥哥因为是警察，所以接触最多的都是治安类行业，于是就给他介绍了一份保安工作。他听到后就想，自己是一个堂堂大学毕业生，怎么能去做保安，那太丢人了，而且工资只有800元（2000年深圳保安工资行情为600~800元），他觉得太低，所以就没有去做。

直到第9个月的时候，他还是没有找到工作，还是睡在他前女友的哥哥家里。这位做哥哥的倒是讲义气没有说什么，但他嫂子可忍受不了，于是吃饭的时候经常摔盆子摔碗，没有好脸色。

最后他离开了那里，离开之后他见人就破口大骂，骂他嫂子真不是东西，整天摔盆子摔碗，给他脸色看，摆明了就是要赶他走，让他没法继续住在那里，而且还要他出生活费，简直不是东西！

离开之后他还是没有找到一个有稳定收入的工作，这里做几天，那里做一个月。一到缺钱的时候，就找朋友或者同事去借，没钱租房子就借住在朋友或同事家里。就这样拖了两年时间，他实在没有办法了，就去做了一份保安工作。

转了一圈下来，还是去做了保安，但不知道这份保安工作是不是他前女友的哥哥介绍的。

做了一年多保安工作之后，他实在不想再做，又累又不赚钱，他决定重新找工作，但此时毕业已经四年多，他自己的英语知识

第二章　不成功的人，大多是因为退路太多

已经忘了很多，再加上他学的是"哑巴英语"，而深圳很多英语类工作都要面试口语，所以他费了很大力气，才找到一份英语家教工作。

再后来，他去做了直销，见到朋友就说很赚钱，劝朋友也都来做，朋友问他每个月能赚多少，他说每个月能赚两万多。

再后来，他老婆怀孕即将要生孩子，生孩子的钱不够，又去向朋友借2000元钱……

如果这位毕业生当初来深圳的时候没有认识的朋友，就没有人帮他，那么他在遇到困难的时候就不会有退路，在没有退路的时候，他就一定会每天努力去找工作，最后也一定会找到工作。

因为工作有工资高的，也有工资低的，当一个人暂时找不到高工资工作的时候，为了渡过难关，可以暂时找一份工资低的工作，一边攒钱努力充电，一边寻找机会，当有了好的机会再换工作，"曲线救国"，最终他一定会越来越好，越来越成功。

但就是因为来到深圳后可以住在别人家里，受到打击后不是越挫越勇，继续努力，而是选择了"退缩"。因为他有路可退，他的"退路"就是住在别人家里，有吃有住。虽然只是临时的"退路"，可这临时的"退路"消耗了他的意志，使他失去了前进的锐气，失去了克服困难的勇气。

当过了几个月找不到工作，别人给他介绍保安工作时，他还

嫌工资低不去做，因为他还有"退路"，这个"退路"就是"可以睡在别人家的客厅里"。

当被别人赶出来之后，他还有"退路"，也就是"继续跟朋友或同事借钱"，没钱租房子的时候，就"借住在朋友或同事家里"，这就是他的退路。

最后，当他老婆生孩子没钱的时候，他还有"退路"——继续找朋友借钱。

一个人只要有退路，当他遇到困难的时候，就会出于本性不断退缩，这是人的本性使然。一个不断退缩的人，会让自己的能力不断下降，越来越失去前进的信心和勇气。当一个人具备太多退路，并且遇到困难就把退缩当成习惯的时候，他就很难获得大的成功。

2007年的时候，因为工作原因我需要招聘一位助理。招聘启事发出之后，有两个女孩子过来面试，一个年龄大一些，一个年龄小一些。一问才知道，原来是表姐一直在帮表妹找工作，当表姐看到招聘启事后就给表妹看，并且陪表妹来面试工作。

（我在这里好心奉劝一下刚毕业正在找工作的年轻人，最好不要让别人陪你去找工作，因为那样只会证明一点，就是你能力不够，或者不够成熟，绝大多数老板都不太喜欢这样的员工。我还

第二章 不成功的人，大多是因为退路太多

遇到很多母亲陪女儿来面试工作的，都是母亲回答，母亲提问，作为面试者的女儿却一句话不说，令人哭笑不得。）

明确了是表妹在找工作之后，我就看了简历并问了几个问题。结果都是那位表姐在回答，作为面试者的表妹一句话也不说。因为这个工作需要对外联系，所以需要普通话流利，我问几个问题让她回答，就是为了测试面试者的普通话。所以我说需要表妹亲自回答，结果她只结结巴巴说了几个字（因为她是广东梅州人，刚来深圳普通话不流利），再测试打字速度也不过关，最后没有通过。

表姐说既然表妹不过关，她也想面试一下，因为住的地方距离近，正好也想找这么一份工作，最后这位表姐面试成功，成了我的助理。

几个月之后，有一次我突然想起跟她一起来面试的表妹，就问我助理，你表妹现在在做什么工作？没想到助理跟我说，她表妹还没找到工作，还住在她家里，她正为这个事情烦恼不已。

原来她表妹来深圳后就一直住在她家，刚开始还出去找工作，找了几个星期后就不出去找了，最后连楼都不想下，天天待在家里看电视。于是我的助理就帮她找工作，好的工作找不到，而工厂招工她又不想去，营业员、服务员的工作她嫌累也不去做，最

后就整天待在家里不出去。

这样的日子一直持续了9个月（好神奇，上个案例中也是9个月），她老公终于忍受不了了。因为她老公是一位画家，在家接活给出版社画漫画，需要创意，所以非常需要安静。而她表妹天天在客厅看电视，电视声音让她老公无法安心创作，她老公跟她说，再这样下去，他要疯了，必须要让她表妹离开这里。

而这位表妹，吃睡在表姐家，被子也不洗，每天在家看电视、吃零食，弄脏了客厅也不打扫。再加上住了9个月，表姐心里也已经有了怨言，但因为是亲戚关系（两人的妈妈是亲姐妹），所以就忍着没说什么。

但现在她老公已经忍受不了了，她只能很委婉、很小心地劝她表妹要尽快找工作。结果第二天我助理的妈妈打电话过来跟她说："你姨妈骂我了，说我们都是亲戚，说你表妹大老远去投奔你，你怎么能那么对待你表妹，你怎么能赶你表妹走呢？如果这样，以后我们做不成亲戚了！"

这下，我的助理就陷入了两难的境地，不敢再对她表妹说什么，而她老公，却摆明立场，坚决不能再这样下去，否则他就无法工作。

再后来，她表妹离开深圳回了老家，她两家也从此不再来往，成了"仇人"。

第二章　不成功的人，大多是因为退路太多

这就是现实版的"斗米恩，担米仇"，俗话说"救急不救穷"，其实是一个道理。如果在一个人危难的时候给他救急，只给他很小的帮助，他就会感激你。而如果你去持续帮助一个人，在你突然因为什么原因不能帮助他的时候，他就会记恨你一辈子！

我助理的这位表妹，来到深圳后就是不怕找不到工作，因为如果找不到工作，可以"住在她表姐家里"，就是因为有了这个看上去对她有帮助的"退路"，能找到的工作她嫌弃不去做。她想做的是收入高而且轻松的工作，找不到就"退缩"在她表姐家。

人都是有惰性的，正是因为有了"退路"，使她失去了前进的动力，消磨了她的意志。

其实很多人刚参加工作时条件并不比她好，我同样也遇见过一个跟她类似的女孩，学历不高，刚来深圳举目无亲，只能找到一个营业员的工作，后来学习会计做收银工作。再后来去找会计工作，人家要求有经验，她没经验硬着头皮说有经验，上班后在试用期就拼命跟老员工学习填写各种单据……之后又参加自学考试和各种培训，不断进修和提升自己，到现在她已经是这家上市公司的资深优秀员工，凭自己的努力在深圳买房买车，过上了不错的生活。

深圳因为大部分是外来人口，他们来到深圳没有父母的依靠，这样的例子简直太多了，绝大多数在深圳安家落户，在深圳创办

企业，最后留在深圳的人都有过这种经历，都是靠自己的努力生存下来的。

在华为工作的工程师，很多都是研究生甚至更高学历，他们收入很高，但他们中的很多人却都住在深圳坂田华为总部旁边马蹄山的农民房中。还有无数的企业家，都是在农民房中开始创业，包括现在已经非常成功的大疆创新，也是从农民房中开始创业，在无人机领域一直做到市场占有率全球第一。

为什么很多年轻人在毕业进入社会后不能勇敢地自立？为什么在没有工作收入的时候就不能先去租一个便宜的农民房，或者跟人合租？钱再少还可以租铺位临时居住，按天计算租金，在自己的"弹药"用完之前拼命先找一份工作，先解决生存，再谋求发展呢？

有些刚毕业的年轻人家里条件比较好，在老家有关系，有父母帮着联系好了单位，毕业后可以随时回家工作。找工作的时候父母不断地给生活费，还非常关心地对他说："如果你在外面混不下去了，就回家，父母养你！"

很多年轻人就是因为有了太多的"退路"，导致不敢面对困难，不敢树立目标，不敢挑战自己。很多人就是因为有了太多这样的"退路"，一辈子过得平平庸庸，没有取得大的成就。无数的人才

第二章　不成功的人，大多是因为退路太多

就是这样被埋没了，他们的人生，本来可以发出耀眼的光芒，他们本来可以功成名就，做出一番事业，真是可悲可叹！

几乎每隔几年，社会上都会掀起一股"逃离北上广"的潮流，或许是压力太大难以买房的缘故，但年轻人为什么动不动就要逃呢？为什么不坚持战斗下去直到成功呢？成功有无数方法，无数条路，你一条也不走，只想着退路！只想着逃！从某种意义上来说，还是因为有"退路"，才让人在遇到困难的时候，动不动就想着退，想着逃。如果无路可退，无路可逃，你还能往哪里退，往哪里逃呢？

在人生道路上，会遇到无数的困难和险阻，如果年轻人刚进入社会遇到一点小困难、小挫折，父母马上帮助解决，实际上这是剥夺了让他成长的机会。这种对他持续的帮助使他解决困难的能力无法提高，久而久之，他的能力就会比同龄人落后一大截。有些父母帮助孩子买房买车，提供孩子结婚的费用，但父母总会有帮不了孩子的时候，而且父母也不可能陪孩子一辈子，总有一天他要自己独立生存。

我有一位学员，八十年代就来深圳打拼并且创办了一家很大的公司，很早就在深圳繁华地段的豪宅区买了一套大大的房子。

或许是由于房子太大，或许是由于兄妹情深，她的哥哥和嫂子由于收入低买不起房，就一直住在她家里。

前面两个例子中的主人公是在朋友或者亲戚家里住了9个月，我们已经感觉很夸张了，但是我这位学员的哥哥、嫂子还有他们的小孩，一家三口住在我这位学员家里，一住就是9年！

是的，你没有看错，是9年，不是9个月。

我这位学员确实很成功，她的哥哥和嫂子一家人收入也确实很低，她和哥哥的感情也确实很深（她家是兄妹二人，她上面只有这一个哥哥），她也确实很想帮助她哥哥一家，所以她哥哥一家的开支她也全都包了。

她哥哥一家收入一直很低，我这位学员也不忍心让他们搬出去，直到9年之后，我这位学员忍不了了。因为她嫂子不上班，也是天天在家看电视（不知道他们为什么都这么喜欢看电视，或许是在看电视的时候可以让他们忘记忧愁，减轻压力），家中卫生也不打扫，时间这么久，换作是谁也受不了。于是她便叫他们搬走，但他们还是不搬，最后我这位学员说，如果你们不搬，我就要卖掉这套房子重新再买一套去住。

在这种情形之下，他哥哥一家才被迫搬走，但她没有中断她侄子的学费，直到她侄子大学毕业。侄子大学毕业后回深圳，让她姑姑介绍工作。结果姑姑给他介绍了一个工作之后，他嫌工资只有3000元太低不去做（在2005年前后，深圳3000元的工资处

第二章 不成功的人，大多是因为退路太多

于中等水平），就一直瞎混了几年。直到有一天他说他找了个女朋友准备结婚，女朋友要求他必须买房才能结婚，不然就跟他散伙，所以他就向姑姑要钱买房。这个时候，他姑姑就拒绝了。

后来，我这位学员的哥哥向她又借过几次钱做生意，但每次都亏损失败……再后来，我这位学员和她的哥哥嫂子一家人彻底决裂，也成了不再见面的仇人。

她哥哥人到中年，还没有一技之长，也没有自己的事业，直到自己的儿子到了结婚的时候，还借钱把生意一次又一次做到亏损，连本钱都不能还。他这一生，无论如何都不能叫成功。

就是因为平时有人长时间做他的后盾，在经济上帮他，使他一家人都始终"有路可退"（我这位学员的母亲要求她，一定要帮她的哥哥）。而他的儿子，在大学毕业后没有凭自己的能力去努力找工作，因为他"有路可退"，因为他知道当他有什么困难的时候，只要他提出来，他姑姑都会帮他。而当他姑姑给他介绍的工作只有3000元工资的时候，就嫌太低不去做。

一个男人，大学毕业后结婚买房理所应当是自己的事情，自己应该提前赚钱，提前攒钱。但他却不着急，等到女朋友逼着他买房才能结婚的时候，他又是选择向姑姑要钱。**就是因为他始终觉得姑姑会帮他，始终觉得自己有"退路"，他忘记了男人应该为了事业去努力拼搏，他忘记了男人应该为了出人头地自强不息，**

他忘记了男人应该为了成功坚强不屈、勇敢前进。

很多父母视子女为"心肝宝贝""掌上明珠",对他们提供过度的帮助,不让自己的孩子经历风雨,使他们失去"人生最宝贵的挫折教育",实际上是害了自己的子女。

宽是害,严是爱。

依靠越多,"退路"就越多。在人生的道路上,当一个人遇到困难而退路又很多的时候,他自然就会退缩。在能安逸的时候,任何人都想安逸,这是人的本性,没有对错。

退路多了,前面就没了路。而一旦没有了退路,前面就会有一万条成功的路!

所以从某种意义上说,很多人的成功,都是被逼出来的。

第三章
只要决心足够大，没有完不成的目标

　　成功就是下定决心并且坚持下去，直到成功。你成功路上的"敌人"，也会"欺软怕硬"，也是"看人下菜"。当你下定决心发誓一定要成功、一定要战胜这个阻挡你成功的"对手"的时候，你就会发现，所有障碍、所有困难、所有挫折在成功面前都不值一提。

第三章　只要决心足够大，没有完不成的目标

一位大师曾经表演过多项绝技，"掌劈大理石""飞针穿玻璃"令无数人惊叹。年轻时候的我慕名登门，拜师学艺。到了那里，我想人的手是肉长的，肯定比不上大理石结实，怎么可能劈断大理石呢？于是我问大师，说我能不能摸一下你的手呢？大师说可以，当我摸到他的手，再看到他训练用的石头之后，我立刻全都明白了。

原来他的手掌经过长年累月的砍石头训练，手掌根部已经结出了又厚又硬的老茧，用指甲掐都掐不进去。整个手掌经过长久的训练，外表变得又厚又硬，内部骨密度变得结实无比，整个手掌变得又粗又重。他的那双手，比正常人的脚还要结实、坚硬几十倍。

原来人的身体组织是会随着环境的需要而变化的，当你下定决心成功，并且坚持下去的时候，人的条件就会发生改变，变得适合成功。

我又向大师请教如何才能练成飞针穿玻璃的绝技，大师告诉我说很简单，"只要你下定决心，每天坚持集中所有的力量于针尖，

用最大力量向玻璃甩去。假以时日，当针的速度足够快，并且角度正确，能够让针垂直冲击玻璃，有足够冲击力的时候，就能够穿透玻璃"。

我恍然大悟，只要下定足够的决心，集中所有的力量于一点并坚持下去，就一定能够成功。

那块玻璃，是"看人下菜"，玻璃坚硬无比，但只要一个人下定足够的决心，每天训练，当角度正确，冲击力足够之后，就一定能突破玻璃这个障碍。而如果一个人的决心不够大，就练不出足够的速度和角度，无法把力量集中在一个点上，就会被玻璃阻挡住，无法逾越。

我们大部分人，都不相信手掌能够砍断坚硬的大理石，都不相信自己能做到"飞针穿玻璃"，所以我们就不可能下定决心去练习，最终当然就是我们不会拥有这些绝技。

成功，首先就是要相信成功，然后下定决心去成功。

一个人，如果他立志想当医生，那么他就会努力读书去报考一所医学院，通过几年学习，毕业后再去医院做医生，最终他会成为一名医生。在这里，当他立志想当医生的时候，他首先觉得他自己能做医生，并且能成为一名好医生。

当一个人立志要成为律师，那么他就会不断努力学习，首先

第三章　只要决心足够大，没有完不成的目标

通过司法考试，然后去律师事务所实习一年，取得律师执业证书，成为一名律师。在这里，当他立志要成为律师的那一刻，他也是首先觉得他自己能成为一名律师，对此，他没有半点的怀疑。

而如果一个人发誓将来一定要当老板，一定要成为企业家，那么他就会不断地学习、观察和思考，然后去尝试做生意，当他有了一定的经验，摸到做生意的窍门之后，他就会注册公司进行经营。他或许会失败，但失败后会不断总结教训、积累经验、重新思考和学习，然后继续尝试，他最后一定能成为老板，也一定会取得成功。在这里，当他发誓将来一定要当老板的时候，他内心深处一定认为他自己是能做老板的，做老板并没什么难的。

一个人能成为什么样的人，是因为他认为自己能成为这样的人。你认为你自己是什么样的一个人，你就能成为这样的一个人。因为你在这样认为的时候，你就会向那种人前进，并且改变自己，使自己真的成为那种人。而一个人失败的最大原因，是对自己的能力不敢充分信任，甚至认为自己必将失败。

如果你觉得自己不能做医生，那么你一定不会成为医生。如果你觉得自己做不了律师，你一生就真的成不了律师。同样，如果你自卑地认为自己只能打工，不是做老板的材料，那么你一辈子就注定只能打工，成不了老板。

无路才有路

一个人不成功，往往是因为不自信，导致没有决心或者决心不够大。只要决心足够大，没有完不成的目标。

成功其实就是下定决心并且坚持下去，直到成功。

成功是我们每个人与生俱来的本能。

从我们出生的那一刻，我们就拥有了成功的本能。当你还不会说话，感到饥饿的时候，你就会哇哇地哭，以此来提醒你的妈妈该喂你了。对于达成目标（你能得到奶吃），你不会有任何的怀疑，而且你的决心很大，一定要吃到奶，否则你就会一直哭，直到妈妈把你喂饱。

当你到了两岁，跟妈妈一起去超市买菜，在收银台排队的时候，你看到收银台旁边彩色的棒棒糖，你馋得直流口水，然后你下定决心一定要吃到。于是你跟妈妈说："妈妈，我要吃棒棒糖，草莓味的！"妈妈可能会说："小孩子不能吃太多糖，不然会有蛀牙的。"

但你太想吃到那个粉红色的、草莓味的棒棒糖了，而且你下了很大的决心，非吃到不可，于是你大声地跟妈妈说："不行，我就要吃！"一边说着，一边自己去拿，攥到手里后把手放到背后，你妈妈说："宝贝，放下好吗，下次妈妈再给你买好不好？"这个时候妈妈看到你决心那么大，口气变得软了起来，开始跟你商量。

于是你继续大声地表达你的决心，"不行，我现在就要

第三章　只要决心足够大，没有完不成的目标

吃！""不买我就不走了！哼！"妈妈拿你没办法，于是说："好吧，"同时提出条件，"不过今天我们吃了，这个星期就不能再吃了，好不好？"

你回答"嗯"，于是你得到了那个对你来说极具诱惑力的、草莓味的棒棒糖。

看到没有，你成功了！这是你与生俱来的本能，你在两岁的时候就会了，成功就是下定决心，并且坚持下去，直到成功。

同时你答应了妈妈的条件，也就是这个星期不能再吃，这是付出的代价，成功是需要付出代价的。

成功就是这么简单，但很多人长大后想得多了，变得复杂了，反而忘记了自己这个与生俱来的本能。很多人变得畏首畏尾，不敢这样，也不敢那样。他们开始变得不自信，他们从来没有下定决心去获取大的成功。他们害怕失败之后会失去很多，他们变得不愿意行动，不愿意为了成功付出代价。

1988年史玉柱在深圳大学读研究生时，听了一场四通总经理万润南的演讲，听完之后对他的触动非常大，他下定决心自己也要创业。1989年，史玉柱研究生毕业后，从安徽省统计局辞职创业，因为之前他就发誓："不创业，宁跳海！"

这个时候的史玉柱决心不可谓不大，他下定决心，自己要编写

一套软件，取代四通打字机，直接用电脑打字。半年之后，M-6401汉卡软件诞生，史玉柱很快赚到了第一桶金。

为了研发功能更加强大的M-6402，1990年1月，史玉柱和同伴包下深圳大学的两间学生公寓，准备了20箱方便面，把自己关在里面，跟外界断绝联系。经过5个月没日没夜的奋战，研发出功能更齐备、质量更可靠M-6402汉卡。

什么是决心，这就是决心！史玉柱是一个自信的人，没觉得创业有什么了不起，他下定决心以后一定要创业，他下了足够大的决心。他把自己关起来整整5个月，也是下定决心一定要研发出更先进的汉卡。

史玉柱下定决心这辈子就要做老板，"不创业，宁跳海"，结果他真的成功了。

成功是需要付出代价的。为此，史玉柱付出了离婚的代价。当他妻子动手术时，史玉柱还在吃着方便面，穿着脏衬衫，汗流浃背地在学生公寓里面编写软件。由于妻子的不理解，觉得自己生病住院动手术的时候，史玉柱都没有好好关心过她，于是跟他离婚。

如果没有决心，如果决心不够大，一个人是很难成功的。而只要决心足够大，任何困难都能克服，任何问题都能解决，只要

第三章　只要决心足够大，没有完不成的目标

决心足够大，任何目标、任何梦想都可以实现。

一个人不成功，很大原因是因为他会想方设法证明自己不会成功。当他证明自己必然不可能成功之后，他就放心并且变得轻松起来，既然自己不会成功，所以就不用再去行动，不用再为了成功付出代价，不用再有压力。

很多人在看到别人成功之后，第一反应就是要找别人具备而自己不具备的客观外在条件，比如别人成功是因为他有关系，别人成功是因为有人给他投资，别人成功是因为他有货源，别人成功是因为他长得好看，别人成功是因为他有客户资源，别人成功是因为他懂技术，别人成功是因为有人帮他……

他找了无数个别人具备而他不具备的条件，从而证明别人是因为有那些条件才成功的，而自己不具备这些条件，所以自己不可能成功。于是，他的一生都没有行动，最后就真的没有成功。他终于成功地证明了一个真理，那就是"不下定决心，不去行动，就一定不会成功"。

而那些最后成功的人，在看到别人成功之后，第一反应就是既然他能成功，我也能行！他也是长着两只手、两只脚，他能成功，我为什么不行呢？！于是他下定决心自己也要成功，于是他不断学习别人的经验、不断尝试、不断坚持……最后，他就成功了！

无路才有路

史玉柱在听到四通总经理万润南的演讲之后，觉得自己也能成功，并且下定决心自己也要创业，自己要编写软件，取代四通打字机，直接用电脑打字。因为他觉得别人能成功，自己也能，于是他辞职创业，于是他成功了。

成功就是这么简单，当你认为自己绝对能成功，并且去行动的时候，成功就在不远处等着你。

很多年前，在深圳有一个女销售冠军，她之所以取得令人如此羡慕的成绩，是因为她的决心比任何人都大。她只要下定决心要完成一件事情，就一定会坚持下去，决不动摇，直到完成目标为止。

有一次，她去拜访一位老板，这位老板说不需要她的产品，叫她以后不要再来了。她还是坚持去，公司前台还有员工，任何人都拦不住她。这个老板只能打电话给物业保安，保安来了叫她离开，她还是坚决不离开，于是两个保安一左一右架着她的两只胳膊，把她拖到了楼下。

即使是这样，第二天、第三天她还是继续再去拜访，保安再把她拖下楼，她还去。这位老板最后报警，警察来了也没办法，只能劝说。第四天、第五天她还是坚持继续拜访……

老板最后实在没招了，叫她不要来，她不听，拦又拦不住，

第三章　只要决心足够大，没有完不成的目标

报警也没有用，保安把她拖下去，她还会再来。最后有一次，她摔倒在地上，高跟鞋从脚上掉了下来，这个时候，这位老板和很多人才看到，她的脚肿得像一块大大的红薯，她艰难地把鞋穿上，从地上爬了起来……

原来，她每天都要拜访大量的客户，每天要走很多路，所以她每天永远是两双鞋，平时上班走路的时候穿平底鞋，见客户之前再从包里拿出高跟鞋换上。因为每天走的路太多，她的脚肿了起来，最后鞋子穿上去都很困难。

即便这样，她还是坚持继续拜访客户，她下定决心要做的事情，在没有完成之前从来没有动摇过。

这位老板被感动了，他彻底服了，他说他这辈子从来没有遇到过这样的业务员，如果他公司的业务人员有她一半的决心，有她一半的坚持，他的公司早就不是今天这个规模了。于是这位老板跟她签单，成了她的客户。

她就是凭着这份决心，凭着这份坚持，拜访一个又一个的客户，成交一个又一个客户，直到成功，再成功。

如果她拜访客户时没有决心，那么她在遇到拒绝时，可能就不会继续坚持。就是因为她的决心无比巨大，无论如何都要成功，不达目的，誓不罢休！所以她才能一次又一次地坚持。在她强大

的决心面前，所有的困难，所有的挫折都会变得不值一提，所有障碍都会轻松跨越，最终她获得了无数成功。

一个人不成功，只能说明他的决心还不够大，只要决心足够大，并且在成功之前坚持下去，他就一定能够获得成功。

任何人只要下定决心去做一件事情，几乎没有完不成的。而如果一个人去做一件事情之前没有下定决心，或者决心不够大，那么当他在遇到一点困难、一点挫折的时候，他就会觉得太难了，还是不要做了吧。

就是因为他的决心不够大，使他遇到困难和挫折的时候放弃了，于是成功就离他而去。

我们前文提到过美国有线电视新闻网（CNN）的创办者特德·特纳，他在刚刚接手他父亲的广告公司时，很多债主也开始想跟特纳争夺这家广告公司，其中有一位对手是一家大型公司的董事长，根本没有把特纳这个毛头小子看在眼里。

特纳采取了一个非常策略，在遭到对手拒绝24小时之后，他把公司的雇员、租约、账本悄悄转移到他工作的地方，然后，他发出最后通牒，以烧毁账本和租约为要挟，要求对方放弃公司。最后，特纳以20万美元的代价赢得了这个交易，他胜利了。

这个二十多岁的毛头小伙，他下定决心向对手开战，向他的

第三章 只要决心足够大，没有完不成的目标

对手展示了他死战到底的决心，为了达到目的，他会不择手段，不计代价，如果不答应他的条件，对方也会付出惨痛的代价！

在他强大的决心面前，对手妥协了，做出了有利于特纳的让步，特纳强大的决心，使他赢了。

在跟对手抗争的时候，往往是一场心理战，如果你向对手展示你强大的决心，不管对手多么强大，你都敢于向他宣战，哪怕是同归于尽也在所不惜，并且向他展开行动，那么对手的心里就会害怕，对手就会从心底里开始退缩。

而如果你决心不够大，不敢死战到底，不敢付出行动，对手从心理上就占据了上风，他就会得寸进尺，不断突破你的底线，你自然就会败下阵来。

我们经常听到一些"校园欺凌事件"，很多孩子因为被欺凌落下严重的心理阴影，甚至无法忍受而跳楼自杀。无数专家和学者纷纷出招，教育部门也出台了各种预防措施，但几十年下来还是没有根治，甚至愈演愈烈，欺凌事件越来越多，后果一次比一次严重。

我小的时候也曾经"被欺凌"，那时候我刚读小学一年级，有一次在放学的路上被五六个高年级的孩子拦住去路，我说："你们想干什么？想欺负人吗？"他们几个嬉皮笑脸地说："今天我们几

个就是要欺负你啊，看你能怎么办！"领头最大的那个孩子是村里孩子中的霸主，经常拉帮结伙地欺负别人，大多数孩子都被他欺负过，都怕他。

我一下子被激怒了，决心跟他们干！"让开！不然你也没有好果子吃！"我对着那个年龄最大、个子最高领头的孩子大声喊道。结果领头的那个孩子跟其他几个孩子一起起哄，就是不让开，并且一起过来打我。

我跑到路边抄起一个鹅蛋大的硬土块，照着那个领头孩子的脑袋就扔了过去，结果那个孩子的头被打破了，血哗哗地流了下来。领头的孩子捂着头哇哇大哭，另一个大个子过来跟我扭打在一起，他比我力气大很多，我就抓起他的胳膊，用牙狠狠地咬住不放，直到疼得他大哭起来向我求饶，我才把他放开。这两个家伙不张狂了，其他几个孩子见状也全都吓得往家跑。

后来两个受伤孩子的家长跑到我家去算账，我母亲赔了他们"两篮子鸡蛋"，由于是他们自己家孩子先"找事"，先欺负别人的，这事也就这么过去了。

直到长大成人，那几个孩子都没敢再跟我说过一句话。

那个时候我只知道，如果谁敢欺负我，不管你比我大多少，多厉害，我都会决心跟他对抗到底，让他们一定也没有好果子吃。结果就是我没有再"被欺凌"，所有人都跟我成了朋友，客客气气。

第三章　只要决心足够大，没有完不成的目标

我的决心吓住了那些"熊孩子"，使他们以后再也不敢惹我，从某种意义上来说，也算是一个小小的成功。

在跟对手相遇的时候，对手往往会"看人下菜"，如果你决心不大，不敢跟他对抗到底，他就会得寸进尺，越来越猖狂地向你进攻。只要让他们得逞一次，他们以后就永远不把你当一回事，继续把你当欺负对象。而其他"熊孩子"看到你受欺负不会还击，也会加入欺负你的队伍里来。而如果你下定足够的决心，跟他拼命对抗，让他吃不了兜着走，他反而就会害怕，他就会退缩回去，这就是"欺软怕硬"。

人生路上也是如此，那些阻挡你成功的障碍、困难和挫折，就是你的"对手"。当你下定决心发誓一定要成功、一定要战胜这个阻挡你成功"对手"的时候，你就会发现，所有障碍、困难、挫折在成功面前都不值一提。而当你立即行动、拼命奋斗的时候，"遇山开山，遇水架桥"，那些障碍、困难和挫折都会顺利解决，都会被你驱赶得烟消云散。

由此，我明白了一个道理：**你成功路上的"敌人"，也会"欺软怕硬"，也是"看人下菜"。当你决心不够大时，那些阻挡你成功的"敌人"就会变得非常强大，并且得寸进尺，让你一生付出很多辛苦，却**

| 043 |

无路才有路

过得非常悲惨!

因为"天之道,损有余而补不足。人之道,损不足而补有余"。

世界上只有想不到的,没有做不到的,敢想才能敢做,敢做才有成功的希望。如果一个人连想都不敢想,连去尝试一下都不敢,那他怎么可能成功呢?

一个人只要下定决心成功,并且坚持下去,他就一定会成功!人类梦想遨游太空,登上月球,看似不可思议,但在今天都已经实现了,那么你还有什么决心不敢下,还有什么梦想实现不了呢?!

第四章
没有退路，实际上决心才会最大化

当人们处于绝境之中，"完全放松"的那一刻，他是不会怕死的，因为这个时候最担心的事情都发生了，就没有什么再让自己害怕的事情。什么叫真正的绝路，真正的绝路就是让人连死都不怕。一个人连死都不怕的时候，决心才最大。当他下定足够大的决心，向着生命高地发起冲锋、拼命奋斗的时候，他就一定能够获得成功！

第四章　没有退路，实际上决心才会最大化

在正常情况下，如果让一个人去做一件有挑战性的事情，一旦他觉得困难，就很难下定决心去做，最终他很可能会完不成这件事情。

因为在正常情况下，人们往往是有退路的，那些他们自己感觉困难的事情，即使完不成也无关紧要。因为有退路，所以就会导致他们无法下定足够大的决心去完成有挑战性的目标，他们遇到困难就会退缩。

如果人们长久处于这种安逸的、有退路的环境之中，就很难取得大的成功。因为成功路上往往会有无数艰难险阻，没有下定足够的决心，是很难面对和克服的。

就如前文中提到的，我学员哥哥一家人住在他妹妹家，所有的生活开销都有人承担，所以他的日子过得太安逸了。在这种环境之下，他无法树立自己的目标，无法让自己成功起来，因为他觉得自己条件有限，自己想获得成功太难了，而自己即使不奋斗，在这种环境下也会很舒服。

反过来，如果他自己出去奋斗，就要离开这种舒服的环境，就要冒失败的风险，就要独自面对那么多的困难。于是，他选择了退缩，选择了保持现状，选择了享受安逸。最终的结果就是他无法下定决心去克服困难，无法取得属于自己的成功。

妹妹可能觉得是在帮她哥哥，可结果是让她哥下不了决心去面对困难，让她哥在困难面前失去了决心，让她哥在困难面前有路可退，那这是在帮他呢，还是在害他？表面上看妹妹是在帮她哥，可实际上，妹妹让她哥哥失去了成功的动力，让哥哥的人生变得失败，是害了哥哥。

在电视剧《北京人在纽约》（由郑晓龙、冯小刚执导，姜文和王姬主演，1994年上映。原著由曹桂林先生根据真实经历编写。）这部电视剧中，音乐家王起明和太太郭燕刚到纽约，在美国待了多年的姨妈接到他们，大晚上把他们送到贫民区的一个房子面前，让他们下车，郭燕疑惑地问："姨妈，咱们就住这儿吗？""不，是你们住在这儿，考虑到你们的经济状况，这儿的房租比较便宜。"当他们把行李全都拿下车之后，姨妈连车也没下，她把郭燕和王起明叫到跟前，给了他们一个信封，告诉王起明，"这有一份为你联系的工作，明天一早就能上班啦"，王起明和郭燕谢天谢地的接过来（后来才知道是一份在餐馆刷盘子的工作）。

姨妈继续说："对了，信封里还有我借给你们的五百块钱，加

第四章　没有退路，实际上决心才会最大化

上房租四百块，一共是九百块钱，"此时王起明和郭燕开始面面相觑，"先不用着急还，你们先安定下来，过几天再说吧。"然后告诉他们，她和姨夫还有应酬，然后就要离开。车子刚启动走了两步又停了下来，姨夫拿出一串钥匙交给王起明，"起明，这是地下室的钥匙，楼上太贵了，你们就住地下室吧，52号地下室，记住。"然后无情地开车离去。

在破破烂烂的地下室，郭燕坐在地上，委屈地哭了起来，"到了这谁都不管我们，在这种鬼地方，我觉得饿死了都没人管我们。知道是今天这个样子，打死我也不来。"王起明说："咱们不是来了吗，而且不可能再回去。"

王起明和郭燕突然发现，他们在这个很久之前就梦想来到的地方，变得一无所有。先别说成功和发财，如果不立即去找工作，连吃饭这种问题几乎都没法解决。

他们已经没有了退路，为了生存，只能豁出去了。王起明去餐馆刷盘子，郭燕到制衣厂织毛衣……除夕之夜，王起明为了赚钱，还在骑车一家一家地送外卖……最终，王起明有了自己的制衣厂，有了自己的事业。

一个人在突然没了退路的时候，他前进的决心就会无比大。王起明为了生存什么都干，如果不混出个人样，回国都感觉丢人，所以他下定决心一定要成功。从某种意义上说，这也要感谢当初姨妈的冷漠无情，用王起明的话说，"我怎么感觉姨妈像扔垃圾一

样把我们扔在这。"

多年以后,王起明已经适应了美国社会,变成了一个地地道道的美国人,这个时候他才真正理解了姨妈。因为美国是一个崇尚个人奋斗的社会,每个人都要靠自己的努力生存,靠自己的奋斗获得成功,这是很正常的现象。

所以在剧情的最后,当王起明在北京的好友邓卫(由冯小刚亲自饰演)带着梦想前来投奔他的时候,邓卫被送到王起明和郭燕刚到纽约时住过的那栋房子前。邓卫一脸诧异,看着周围的环境说:"这不像什么高级住宅区,这是哪儿啊?"王起明说:"这是给你租的房。""咱不是住一别墅吗,咱俩不住一块儿啊!"

邓卫以为王起明是在跟他开玩笑,"你跟我开玩笑啊,刚到纽约大晚上的,你就跟我开玩笑,你让我睡一觉,明儿早起来,"王起明拿出五百块钱,打断他的话,"你听我说啊,这是五百块钱,加上租房子的四百块钱,一共是九百,你先拿着。"邓卫诧异地问这是什么意思啊,王起明说:"回头再还我,先上班,不忙还,到时候再说。""你先睡觉,倒倒时差,我有个事必须得走",说完就走。邓卫惊恐地说:"你到哪儿去,你给我搁这儿我怎么办呢,这黑咕隆咚,我都不知道这是哪儿。"

王起明车开出几米又倒了回来,邓卫以为是接他上车,马上高兴地靠了上去,"我说你是跟我开玩笑吧",王起明从车窗探出

第四章　没有退路，实际上决心才会最大化

头，"你听我说，我忘了，不是在楼上，记着啊，底下红灯那儿，地下室。"

邓卫打开地下室的门看了一下，就跑到马路上来寻找王起明，王起明已经消失得无影无踪，邓卫对着王起明离开的方向破口大骂："王起明，你这个混蛋。"

"同一个太阳下，没有新鲜事"，那些不明白成功要靠自己奋斗的人，一批又一批的最终都会明白。人在没有退路的时候，为了生存什么都会去做，人在没有退路的时候，为了成功，决心就会无比大。

我们再来看一下前文提过的那位澳大利亚留学生，就是处在一个没有退路的绝境之中，为了生存，他什么都会去做，放羊、割草、收庄稼、刷盘子……只要能赚钱，只要能让他生存下去，他什么都做。

绝境使他的决心变得无比巨大，在他面试澳洲电讯线路监控员职位的最后，主管问他"你有没有车？你会开车吗？我们这份工作要时常外出，没有车寸步难行。"在澳大利亚他不能靠任何人，处于绝境中的他下定决心一定要得到这份工作，于是他咬着牙说："有！会！"

虽然他没有车，也不会开车，但人在没有退路的时候，做成一件事情的决心就会变得无比大，他要在4天之内完成买车学车，4

无路才有路

天后要开着他的车去上班。最终，他在4天内完成了买车，学车的过程，第5天开着车去上班，他成功了。

如果不是被逼无奈，如果不是处于无路可退的绝境之中，在正常情况下，是很难做到的。看看我们国内那些家庭优越，从小就被宠坏的那些"小皇帝""小公主"，他们在进入社会的时候是什么样子，他们在遇到困难的时候是什么样子。

他们中的很多人长大后变成了"啃老族"，还觉得理所应当，因为他们的理由是"房价太贵"。安逸的环境使他们失去了克服困难的决心，使他们失去了通过个人奋斗获得成功的决心。

乔致庸和特德·特纳都是在自家生意陷入危难之时被迫接管生意，他们突然间陷入了无路可退的绝境之中，他们只能奋斗，只能努力，只能下定决心走出困境。最终他们一路披荆斩棘，一路成功，最后都成功创建了自己的生意王国。

如果不是大哥去世生意陷入绝境，乔致庸可能只是一个读书人，因为他对做生意从来不感兴趣，也从没想过有一天会去经商。如果不是父亲因债务重压自杀，债主想占有父亲的广告公司，特德·特纳可能还会继续他花花公子的生活，他就不可能创办出后来的美国有线电视新闻网（CNN），并将其发展成一家伟大的世界500强企业。

第四章　没有退路，实际上决心才会最大化

人们在处于顺境之时，很难下定决心去做一件事情。即使去做，下的决心也不够大，当遇到困难之时，人们很容易打退堂鼓。而一旦处于无路可退的境况之下，人们就会变得勇猛顽强，决心比任何时候都大，这个时候往往所有的困难都不是困难，所有的问题都不是问题，人们就会很容易成功。

我有一位朋友，早年间刚认识他的时候，他是深圳华强北一家电子公司的销售工程师，人很善良，工作努力，性格开朗，也很上进。他的女朋友我也认识，是一位温柔、美丽、可爱的小女孩，人很善良，话不多，整天见人都笑呵呵的，同事们都叫她"小羊"，因为同事们评价她，"就像小羊一样"。

两个人的老家在同一个县城，两人相亲相爱，感情非常好，很多人都羡慕得不得了。两个人都那么善良，男的上进，女的可爱，走路时女孩永远挽着男孩的胳膊。大家都觉得他们在一起简直是天作之合，所有人内心都希望他们能够幸福。

但结果却出乎所有人的意料，几年之后，他们分手了。说起原因，女孩说，她父母考虑到男孩的经济状况，不同意他们结婚，用女孩的话说，"他很上进，也不是不努力，可再努力，再上进，也还是那个样"。这就是说，在安逸的顺境之中，即使是一个努力上进的人，也很难下定决心去挑战更大的目标，所以就很难获得大的成就。

结果女孩的离去让我这位朋友痛不欲生，他觉得再这样下去肯定不行，他一定要出人头地，他下定决心一定要成功，不能再让别人看不起自己。自尊使他绝不能再保持现状，他没有退路，只能下定决心自己做老板，他发誓要获得更大的成功。

他立即辞职注册了自己的电子公司，发疯一样地寻找客源，发疯一样地寻找货源，后来，他有了自己的工厂，再后来，他把公司搬到车公庙，再后来，他的公司越做越大……

女孩的离去，让他一下子惊醒了过来，人生不能再这样碌碌无为。再也不能保持现状的他下定决心成功，最后，他获得了成功。

如果不是女孩的离开，他可能还会继续保持之前的状况，虽然他很上进，虽然他很努力，可安逸的生活无法让他获得更大的成就。

从这个意义上来说，**他应该感谢那位女孩，女孩是他人生中最重要的老师，给他上了人生中最重要的一课，从而使他最后获得了成功。**

有很多刚毕业出来找工作的年轻人觉得找工作很难，其实他们觉得困难是因为他们还有退路，他们还有依靠，或者说他们还没有弹尽粮绝。如果他们没有依靠，如果他们陷入无路可退的绝境之中，找工作一下子就会变得简单起来。

当他没有依靠、弹尽粮绝的时候，他就不会再挑肥拣瘦，而

第四章　没有退路，实际上决心才会最大化

是下定决心先找一份能生存的工作，"先生存后发展"，这个时候只要能有口饭吃，有个住的地方，任何工作他都会做，这个时候他不会再考虑体不体面，不会再考虑累不累、有没有前途，不会再考虑工资低还是高，只要能活下去，他就会做。

但前提是他一定要陷入绝境之中，否则他就不会下定决心，他一定还会拖延，他一定还会挑挑拣拣想找体面、轻松、收入高的工作，这都是因为他还有退路，他还没有弹尽粮绝，他还没有真正地陷入绝境之中。

绝境能够使人下定决心，绝境能够使人成功。当你到了一个城市陷入生存的绝境时，就一定要下定决心先找一份能生存的工作，为了成功，再一边工作，一边充电学习，最后自己一定能够获得成功。

如果你很想得到一个工作岗位，你就要想方设法努力提高自己，让自己适合这份工作，达到人家的硬件要求。当你觉得自己有能力去做这份工作的时候，就去面试，如果一次不行，就去第二次，第二次不行就去第三次……直到成功。

你可以问招聘主管，我哪里还达不到你们的要求，请你告诉我，这次不录用没关系，等我达到你们的要求之后，我再来，直到你们用我为止。

无路才有路

然后你就继续第四次，第五次……第二十次，其实大部分老板在招人的时候并没有一个绝对条件，说这个人就一定行，那个人就一定不行，没有的。**其实人与人之间都差不太多，一个岗位其实很多人都可以做，最后决定用谁很多时候老板就是凭感觉，**他要用某个人的原因可能他觉得这个人礼貌一些，或者他觉得这个人坚强一些，会做人一些，或者这个人形象更佳一些……

所以，只要你硬件要求没问题，又很想得到这个职位，你就可以一遍一遍锲而不舍地去找老板，希望能得到试用的机会。二十次不行就三十次，三十次不行就一百次！老板看你这么与众不同，你的决心这么大，他一般都会给你试用的机会。

有人可能会说，那要是一百次还不行呢？**如果你坚持了一百次，那么恭喜你，你一定是一位绝顶的天才，你一定能够成功！**无数老板打着灯笼都在寻找你这种百折不挠的人才，请你赶紧跟我联系。

一时的挫折，是成功路上的调味品，没有这些失败和挫折，人生就会变得乏味无比。一开始为了生存所做的工作，看似不起眼，却在你以后的人生路上非常有意义，它会让你更加坚强，不管以后遇到多大麻烦，都宁折不弯。它教会了你学会珍惜、学会理解，不要成功后就骄横无比、处处显摆，而要一直谦虚谨慎，懂得体会别人的心理，懂得尊重不一样的人生。

第四章　没有退路，实际上决心才会最大化

在你获得大的成功之后，你也要尊重那些低收入人群，因为你当初为了生存，也曾经是他们中的一分子。

当你成功之后，你就会发现，人生路上的挫折和困难，在成功面前都是一些小插曲，但又显得非常有必要。离开了这些挫折和困难，离开这些艰辛的过程，你又成功不了。

实际上，很多老板都是因为自己学历低，找不到好工作，最后被逼无奈才做了老板。如果他们当初能找到一份稳定的高收入工作，他们或许不会走上经商之路。

为什么大部分老板都是销售出身呢？很大一部分原因就是这些老板当初都是走投无路，找不到好工作，最后去做了销售。而销售又是直接跟客户打交道，在做销售的过程中，他们最了解客户，最了解市场，所以他们最容易成为老板。

有人做过一次调查，最容易赚到人生第一个100万的工作，就是销售。更令人震惊的是，大多数的中小企业老板都是销售出身，500强企业老总更是有超过50%的人曾是销售出身（50%是一个非常惊人的比例，要知道，《中华人民共和国职业分类大典》将我国职业归为8个大类，66个中类，413个小类，1838个职业）。

在所有职业中，看似最不稳定、最没有前途的销售职业，却是最有希望改变人生的职业，没有之一。

正是因为很多销售工作没有底薪，如果长期没有业绩就会被

淘汰，所以它才把人的潜能最大限度地激发了出来。很多做过销售的人，往往都是迫于无奈，被逼着下定决心自己创业，加上他们了解市场需求，最后成了老板。

安逸是成功的死敌，一个处于安逸环境中的人，很难下定足够的决心去挑战自己。那些有一份稳定工作，在工资高、福利好的企业上班的人，就像笼中的鸟儿，鸟在笼中有吃有喝，久而久之，它就不想离开这个高福利的好笼子，当有一天主人把它放出去的时候才发现，它已经失去了觅食的能力，活活地被饿死了。

那些出入高档写字楼、天天坐在空调办公室里、光鲜靓丽的高学历打工者，有几个敢去创业的呢？又有几个创业成功的老板是这些人出身呢？

所以很多老板之所以成为老板，很大原因都是被逼出来的，那些长时间处于安逸环境中的人，往往没有决心去做老板，或者觉得做老板太难，下不了足够大的决心。

而一旦人们处于无路可退的绝境之中，人就会下非常大的决心，去勇敢拼搏，最终他们就会获得成功。

一个人不够成功，往往是决心不够大，而决心不够大，往往是因为他还有退路。

让我们再来看一下，本书开头抗日战争时期发生的那个故事，

第四章 没有退路，实际上决心才会最大化

当他们一个师被日军打得只剩下二十几人，并且被几千日军重重包围的时候，当连长说，我们为了不留下这三个遗憾，看能不能杀出去的时候，他们的决心有多大！

他们处于无路可退的绝境之中，反正怎么死都是死，还不如大家一起试一下，看能不能杀出去！所以这二十几个战士全身绑上炸药，端起冲锋枪，不要命地杀向重围，结果他们成功了，他们在连长带领下全都活着冲了出来！

那一刻，他们的决心有多大呢？那一刻，你觉得他们还会怕死吗？肯定是不怕的，对吧！

有过这种经历的人都知道，人们在平时的时候是放松的。**当开始感觉有危险临近时，人们会害怕、紧张。而一旦危险包围了自己，让自己彻底处于无路可退的绝境之中，人一下子反而就会放松下来，变得不再害怕。**

我自己有过多次这种体会，所以深有感触。史玉柱第一次创业成功之后，开始错误地走多元化路子，由于摊子铺得太大，当他资金链断裂、巨人大厦坍塌下来彻底没救之时，他一下子放松了。"当我真正感到无力回天时，就完全放松了！"史玉柱自己说。

原来的紧张彻底消失，这个时候紧张没用了，担心的事情终于发生，既然已经发生，那么就没什么好担心的了。既然彻底没救了，这个项目就不用救了。这个时候就只能想别的出路，只能

想怎样再次成功。

处于绝境中的史玉柱发誓一定要还老百姓的钱，他别无退路，只能再次出发。终于，他再次获得一个又一个的成功。

当人们处于绝境之中，"完全放松"的那一刻，他是不会怕死的，因为这个时候最担心的事情都发生了，就没有什么再让自己害怕的事情。

什么叫真正的绝路，真正的绝路就是让人连死都不怕。一个人连死都不怕的时候，决心才最大。要看一个人决心是否足够大，就是看他会不会怕死。一个人连死都不怕的时候，就没有做不成的事情！

当一个人没有了退路的时候，他的决心才能最大化。当他下定足够大的决心，向着生命高地发起冲锋、拼命奋斗的时候，他就一定能够获得成功！

第五章

没有退路的时候，成功的要素突然间全都具备了

　　成功需要的十个要素，在顺境之中要想具备简直太难了，而在绝境之中，这些要素突然一下子全都来了，好像成功需要哪些要素，就自动补齐哪些要素，成功突然变得水到渠成。

第五章　没有退路的时候，成功的要素突然间全都具备了

1978年11月24日，安徽省凤阳县小岗村18位农民聚集在一间茅草屋里，在村干部的带领下，冒着坐牢的风险实行了"分田到户"。

他们起草了一份保证书："我们分田到户，每户户主签字盖章，如以后能干，每户保证完成每户的全年上交和公粮。不在(再)向国家伸手要钱要粮。如不成，我们干部作(坐)牢刹(杀)头也干(甘)心，大家社员也保证把我们的小孩养活到十八岁。"

在场的所有农民全都在这张保证书上按下自己的手印，万一村干部因此坐牢，全村凑钱凑粮，把他们的小孩养到18岁。

第二年秋收后，小岗全队粮食总产13.3万千克，相当于1966年到1970年粮食产量的总和；油料相当于过去20年的总和，村民收入是上一年的18倍。

是什么让他们在那个年代如此"胆大包天"呢？答案是他们被逼上了绝路，因为1978年夏秋之交，安徽发生了百年不遇的特大旱灾，这年夏收分麦子，小岗村每个劳动力才分到3.5公斤，每个劳动力只能分这么点儿粮食叫人怎么活呢？而且家中还有不能干活的老人和孩子！所以他们是被逼上了绝路，人们一旦被逼上

绝路，竟然变得如此胆大。如果不是情非得已，那个年代他们是绝对不敢这样做的！

我们来看看成功都需要哪些要素，为什么绝境能够让这些要素全都具备起来，为什么绝境能够让人们最终成功。

1.成功的第一个要素就是"胆大"。

安徽省凤阳县小岗村18位农民如果不是被饥饿所逼，他们恐怕没有这个胆子。就是因为他们那里发生了百年不遇的特大旱灾，村里每个劳动力只能分到3.5公斤麦子，他们已经没有了活路。所以他们才会变得胆大起来，最后冒着坐牢的风险实行了"分田到户"。

绝大多数人一事无成，都是因为胆小，怕风险，这也不敢，那也不敢。他们不敢树立目标，他们不敢行动，他们不敢创业，所以他们终生都不会成功。这些胆小的人，即使有人鼓励他，他还是不敢，他还是胆小，要让这些人胆大起来，勇敢起来，实在是太难了，所以他们绝大多数人都很难成功。

而一旦人们陷入无路可退的绝境，立刻就变得胆大起来。反正无路可退，还不如大胆放手一搏。那些在顺境时人们不敢想的、

第五章　没有退路的时候，成功的要素突然间全都具备了

不敢做的事情，现在都敢想、都敢做了。一旦人们处于这种敢想敢做的状态，反而就会发现成功并不是那么难。

在《北京人在纽约》这部电视剧中，王起明因为纠纷被迫辞去了在餐馆的工作，被逼无奈之下在家开始学习织毛衣、设计毛衣。之后这个在国内拉了20年大提琴的中年男人，用蹩脚的英语，一遍又一遍地去各个商店推销他自己设计的毛衣，他跑遍了纽约的整个服装大道，没有一家商店愿意接受他设计的毛衣。他根据客户的意见，不断修改自己的设计……

他终于获得了订单，然后借钱在地下室开办了自己的制衣厂。最后，他终于杀出一条血路，成功开创了自己的事业。

一个从来没有从事过服装行业的人怎么敢有创办制衣厂的想法？如果王起明是处于顺境之中，他肯定不敢有开办制衣厂的想法，但他当时的处境是在孤立无援、失去工作和收入、蜷缩在美国的地下室中，他无路可退，只能大胆地抓住一切机会，放手一搏！

想要成功，就要大胆！大胆！再大胆！想要成功就要克服只求稳妥的弱点，敢于冒险、敢于尝试，大胆采取行动，坚信自己一定能够成功。

胆大其实就是自信，很多人这也不敢做，那也不敢做，实际上都是不自信的表现，这些胆小怕事、不自信的人，往往都会平庸地过一辈子。人生就是敢于尝试，才能胜利！

成功需要胆子大，想成功就什么都不要怕，不怕困难，不怕挫折，不怕风险……成功需要自信，成功需要胆大、成功需要什么都不怕。

世界上有太多处于顺境中的人缺乏胆量、只求稳妥，所以往往一事无成。而只要一旦陷入绝境，不用别人劝，也不用别人教，他们自己一下子就变得胆大起来。绝境使成功的第一个要素突然就具备了。

我们再来看看成功还需要什么要素。

2. 成功需要的第二个要素就是"抓住机会，树立明确的目标"。

如果我问大家一个简单的问题，请问你自己居住的房子里，所有门窗上一共有多少块玻璃？你能立即回答出来吗？

我再问大家一个简单的问题，如果你住的是楼房，请问从一楼到你家的楼梯（如果是电梯房，那就是消防楼梯），一共有多少级台阶？

这两个随便列举的简单问题，我在现场曾经问过我的学员，没有一个能够回答上来。我相信绝大多数人包括各位读者，一下子都回答不上来。

为什么你最熟悉的地方，又看似这么简单的问题很多人却回

第五章　没有退路的时候，成功的要素突然间全都具备了

答不上来呢？答案是我们没有树立这个目标，我们从来没有把搞清楚家里一共有多少块玻璃、回家需要多少级台阶这样的问题当作目标，所以我们永远不知道这两个看似最简单问题的答案。很多人在自己的房子里住了一辈子，到最后离开人间，还是不知道答案，因为他们从来没有树立过这个目标。

想成功，一定要有目标，如果没有目标，就像大海中航行的帆船，永远无法到达成功的彼岸。

但**如果一个人制订的目标仅仅只是"成功"，那他恐怕永远不可能成功**。如果一个人制订的目标仅仅只是成为一个企业家，那他恐怕永远不可能成为企业家。因为这些目标都太笼统、太模糊、太宽泛，不够明确。而**成功需要的目标是明确的、具体的，并且能分解为可以立即行动的小目标**。也就是说，虽然有一个总的目标，但这个总的目标能够分解为今天要做什么，今天的每个小时，**每分钟要具体做什么**。

树立"明确的目标"还有一层含义，就是要"抓住机会"。在顺境之中，人们过着安逸的生活，他们从来没有关注机会，所以即使机会就在他们身边，他们也发现不了。如果别人问他们为什么不成功，他们都会埋怨没有机会。

溺水的人会拼命抓住水中的所有物体，哪怕是一根水草，他

们都不会放过。同样道理，在绝境中，人们满脑子想的全都是如何立即跳出火坑，摆脱困境，这个时候他们就会睁大眼睛，到处寻找机会，他们会拼命抓住身边的每一个机会。而当他们这样做的时候就会发现，机会到处都是。

我们再来看一下电视剧《北京人在纽约》中，王起明刚到美国时，他的目标可能是要在美国待下去，要功成名就，做一番事业。这个时候他的目标是模糊的、抽象的，很难具体执行。

再后来他意识到，在美国这个地方，想出人头地，想赚到钱，只能自己做老板。这个时候他的目标还是太笼统，还是不够具体。做老板谁都想，可是怎么做老板呢？又要从哪里下手，现在具体要做什么呢？所以如果目标不够明确、不够具体，无法分解为可立即行动的小目标，就很难实现。

再后来他因为与同事纠纷，连洗盘子的工作也丢掉了，在走投无路的情况下，他被迫到处寻找机会。

他太太因为在制衣厂上班，有时活太多做不完就拿回家来做。正处于失业状态没有收入的王起明就帮着太太织毛衣。

在帮太太织毛衣的时候，他发现了一个机会。他开始意识到，他完全可以自己开一家制衣厂。于是他开始尝试设计毛衣。再之后，他开始不断修改自己设计的毛衣，向商家推销，以寻求订单。

第五章 没有退路的时候，成功的要素突然间全都具备了

这个时候，他发现了机会，使自己做老板的目标开始清晰，开始具体化。"开办一家制衣厂"，这是属于比较明确的目标，这是一个大目标。为了实现这个大目标，可以再分解为先寻求商家的订单这样的小目标，然后再细分为每天设计和修改自己的毛衣以获得商家的认可。

而"修改自己设计的毛衣"，就成了具体的、可以立即行动的小目标。这个时候，成功之路就会清晰地展现出来，这条路，是可以让你能够去做具体事情，并且能够立即行动起来的。只要你坚持沿着这条路走下去，你的目标就一定能够实现。

所以，王起明根据商家的建议不断修改自己的毛衣，获得商家的订单。然后他下一个目标就是要完成这个订单。为此，他第二个阶段性的目标是要开办自己的制衣厂，这个目标也是明确的、具体的，可以分解为立即行动的小目标。

于是，他跟朋友借钱，在地下室办起了自己的制衣厂，招聘员工，开足马力加工毛衣完成订单……

最终，王起明实现了目标，获得了成功。

因为**成功需要有一个目标，而且这个目标必须是明确的、具体的，并且可以分解为立即行动的小目标。**

很多人在顺境中，往往没有一个明确的目标，所以一事无成，碌碌无为。他也想成功，他也有自己的目标，但他的目标可能不

够明确，不够具体，比如他想功成名就，他想成为企业家，他想赚一个亿。这样的目标太笼统，不清晰，所以他不知从何下手，无法展开行动，这样的目标就难以实现。

而人们一旦突然陷入无路可退的绝境之中，浑身所有的能量立即被激活，他立即就会抓住身边的每一个机会，立即就会有一个明确的目标，那就是摆脱目前的困难，绝地求生。

比如上面提到的王起明，在国内他处于顺境之中，拉着大提琴，过着无忧无虑、充满优越感的生活，而一旦到了美国，一旦连餐馆洗盘子这样唯一的一份工作都失去的时候，他无路可走了，他住在地下室中，他失去了收入。

在这种绝境之下，他为了生存，只要能赚钱他什么都做，他开始学织毛衣，他开始尝试设计毛衣，这个时候，他发现了机会，他有了要办制衣厂这样明确的目标，于是他开始寻求订单……最终，他实现了他的目标。

很多人不成功，他们总是埋怨自己没有机会。实际上，机会到处都是，每一天，都有无数的企业诞生，每一天，都有无数的人抓住机会，走向成功。**机会天天都有，只是处于顺境中的人们对于成功的渴求还不够急迫，他们绝大部分时间都在休闲、娱乐、打游戏、玩手机、看微信……这个时候，有再多机会他也难以抓住，有再多机会他也不会行动。**

第五章　没有退路的时候，成功的要素突然间全都具备了

而一旦人们陷入无路可退的处境之中，人们就会拼命抓住每一个机会，让自己脱离困难，迅速成功。王起明在国内处于安逸的环境之中，他根本就不会想着去寻找机会做老板，而当他连刷盘子的工作都因为与同事纠纷丢掉之后，他无路可退了，在帮他太太织毛衣的时候，他发现了当老板的机会。

因为当你处于绝境之中，当你无路可退之时，你就会睁大眼睛去寻找一切机会，此时任何机会你都会拼命抓住，绝不放过。

绝境，可以让你迅速抓住机会，找到明确的目标，这个明确的目标可以带你立刻走出困局，起死回生。

当陈胜和900多名农民被征兵去戍守渔阳，行至大泽乡时，遇到连日大雨阻断交通，无法按时到达指定地点，他们一下子陷入了被处死的绝境之中，在这种无路可退的绝境之下，他一下子有了明确的目标，那就是为了生存，率众起义。

这个目标又分解为可立即行动的小目标，也就是杀死押解他们的两名军官。于是，他们行动了，陈胜和吴广联合起来，他们寻找机会，杀死了这两名军官……中国历史上第一次大规模的农民起义就这样爆发了。

在绝境中的人们，立即就会抓住机会，立即就有明确的目标，这个明确的目标，将给求生的人们无限希望，处于求生中的人们，有了这个明确的目标，他们将会立即行动，跳出困境。就像被人

们扔入沸水中的青蛙，会为了活命立刻跳出来。

一个人，如果不去寻找和抓住机会，如果没有明确的目标，他一生很难成功。在顺境中，大多数人得过且过，今天想做这个，明天想做那个，始终找不到属于自己的、明确的、具体的、可分解为立即行动的目标。有些人一生都在慢慢寻找，一生都没有找到，他们所谓的目标，都是模糊的、抽象的、无从下手的目标，所以他们终生迷茫，难以获得大的成就。

他们埋怨没有机会，实际上，机会天天都有，只是他们没有关注，没有去积极发现。

而人们只要一旦陷入绝境中，就会立即抓住身边的每一个机会，立即呈现出明确的、具体的目标，这个目标给他们指明一条活路，并且这个目标往往能够分解为立即行动的小目标，它让人们拼死一搏、立即行动，它让人们绝地重生、获得成功。

在绝境之中，成功的第二个要素，"抓住机会，树立明确的目标"也具备了。

3. 成功需要的第三个要素是"狠下心来，立即行动"。

在有了明确的目标之后，成功需要在关键时候当机立断，成功需要果断，成功需要下定狠心，成功需要立即行动。

第五章　没有退路的时候，成功的要素突然间全都具备了

有一头狼，被猎人抓住了，猎人没有立即杀掉这头狼，而是用铁链把狼的一只腿锁在树上。到了晚上，这头狼清楚地知道，如果今天晚上逃不掉，等到天亮，自己就会被猎人杀了。所以无论如何，一定要在今天晚上逃出去。

而锁住这头狼的铁链实在太结实，它无论如何也不可能咬断或者挣开，这条铁链锁住了狼的一条腿，想逃生只有一个办法：那就是把自己的腿咬断！

有了这个明确的目标之后，这头狼没有犹豫，而是果断地对自己下定了狠心，一定要逃出去！它没有拖延，当天晚上立即行动，咬断了自己那条被铁链锁住的腿！虽然痛苦无比，虽然血肉模糊，虽然以后会少一条腿，但为了活下去，为了逃生，它唯有如此！

人们在顺境之中，很难下定狠心去完成一件有困难的事情，而一旦陷入绝境之中，人们往往都不会坐以待毙，他们就会奋起反抗，这是人的本性。此时，他们就会狠下心来，立即行动！

那些处于顺境中的人，你问他想不想成功，他说想。你再问他有没有目标，他说有，可是他就是不行动！很多人有无数的梦想，有无数的目标，他想成功，但他只在脑子里一天又一天，一月又一月，一年又一年地去想，他天天只在嘴上说着他的梦想、他的目标，却从来看不到他具体的行动在哪里！

我见过太多这样的人，他们拥有梦想，他们也想成功，但他们却一直没有成功，他们很痛苦，却始终走不出困境。这些人你无论怎么提醒，无论怎么鼓励都没有用，他们自己也知道要成功就要立即行动，可他们就是行动不起来。

这并不怪他们，因为人的本性都是如此，一个人处于顺境之中，对于实现目标往往不够急迫，所以就不去行动，一拖再拖，最终他的一生都在"拖"中、都在"想象"中度过，过得非常平庸。

而一旦人们突然处于绝境之中，在有了明确的目标之后，就会为了求生、为了跳出火坑、为了活下去、为了逃离困境立即行动，绝对不会拖延，绝对不会只说不做！因为那时的处境分秒必争，不允许你有任何的拖延和犹豫，你必须当机立断、立即行动！

不管这个目标有多难，不管需要付出什么代价，不管多么痛苦，处于绝境中的人们都在所不惜，都会狠下心来立即行动。为了逃生，为了活下去，哪怕是像那头被抓住的狼一样，为了逃命狠下心来，立即去咬断自己的一条腿！

在绝境之中，成功的第三个要素，"狠下心来，立即行动"也一下子具备了。

4. 成功需要的第四个要素是"共同合作，高度团结"。

第五章　没有退路的时候，成功的要素突然间全都具备了

现代社会，单靠一个人单打独斗已经很难成功，特别是企业的成功，一定是整个团队的成功。成功需要团结，成功需要众志成城，成功需要大家齐心协力、一起合作。

1978年夏秋之交发生在安徽的那场特大旱灾，使小岗村的18户村民陷入了绝境，他们冒着坐牢的风险实行了"分田到户"。因为陷入了绝境，在"饥饿"这个共同的敌人面前，他们变得出奇的团结。

他们对这个决定一致赞同，因为是村干部领头，老农严家芝说："万一被上头发现了，你们几个干部弄不好要坐班房，你们家的大人小孩怎么办啊？"结果其他村民说："你们是为我们村民出的事，到时候，我们谁个也不能装孬，全村凑钱凑粮，把你们的小孩养到18岁！"

他们为此还写下了"保证书"。

所有村民都郑重地在上面按上自己的手印，大家共同决定，如果村干部出事，全村村民凑钱凑粮，把村干部家的小孩养到18岁！

这是何等的团结！

要知道，在那个年代，要做成这种事情，全村所有男女老少，必须绝对团结，必须要保证每一个人都同意，而且不能有一个人说出去。若不是大家处于无路可退的绝境之中，若不是当时的村民实在无饭可吃，他们绝对不可能如此"高度团结"在一起，做这种"胆大包天"的事情。

无路才有路

一个团队，在顺境之中，不但很难团结，还可能因为各种原因发生利益冲突，还会发生内讧，团队内耗，战斗力必将大大降低。而一旦这个团队陷入绝境之中，他们就会立即团结起来，共同奋斗。大家共同合作，一起摆脱困境，一起找到活路，一起冲杀出去，这个时候，团队就会变得战斗力十分强大，威力无穷，就会无往而不胜。

陈胜和那900多名农民，如果不是因为大雨阻断交通，使他们无法按时到达指定地点，他们如果不是突然陷入这种即将被处死的绝境之中，他们也很难高度团结起来，共同起义。结果他们为了共同活下去，陈胜和吴广经过商量和谋划，两人分别杀死了押解他们的两名军官。

就这样，他们这些手无寸铁的农民，"高度团结"在一起，"筑坛盟誓"，他们在陈胜、吴广的带领下，"斩木为兵，揭竿为旗"，一举攻下大泽乡，接着又迅速攻下蕲县、陈县……

陈胜愤怒地喊出了"王侯将相宁有种乎！"这句口号得到了天下各路英雄豪杰的积极响应，纷纷起兵反秦，共同推翻了秦朝残暴的统治。

正是因为他们陷入了这种无路可退的绝境之中，才使他们"共同合作"，变得"高度团结"起来，为了共同的活路，互相合作，拼死奋斗，爆发出惊人的战斗力。

第五章　没有退路的时候，成功的要素突然间全都具备了

成功只靠自己是很难的，几乎所有的成功都是靠与"外界"团结合作的力量，一个人要想成功，一定要与"外界"团结合作，而不能只想着自己，只靠自己。

你的工作，是因为企业的需要，如果你想获得职位的升迁，你就必须适应企业的需要，为企业做出贡献，你还必须得到你的上级或老板的满意，否则你在企业里是没有前途的，你也绝不可能升到高层。决定你前途的，是这些"外界"的力量。

你要销售产品或服务，你必须满足客户的需求，让客户满意，只有客户向你发生购买行为，你才能成功。此时决定你能否成功的，也是这些"外界"的力量。

如果你要创业，你要跟你的竞争对手做一个比较，你要让你的客户喜欢你的产品。同时，企业的发展也需要研发、销售、管理、营销等不同的人才一起合作，这些同样都是"外界"的力量，需要跟别人合作才能成功。

很多人觉得自己能力有限，很多东西不懂，想成功太难了。这些人最后没有成功，不是能力不够，而是不懂得与人合作。实际上，所有人包括那些取得巨大成功的人，他们的能力也都是非常有限的，他们也一样有很多不懂的东西。

无路才有路

乔致庸把乔家的生意做到遍布天下，是因为他得到孙茂才、潘为严等一大批人才的鼎力相助。

史玉柱个人能力那么强，但还是需要"四个火枪手"（指史玉柱创业早期团队的四个核心人物陈国、费拥军、刘伟和程晨）来与他一起合作。

截至2017年底，华为拥有74307项专利，其中没有一项是任正非发明的，华为之所以如此成功，是任正非跟无数的研发、管理、销售等人才团结合作的结果。

马云创办了阿里巴巴，获得了巨大的成功，马云会写代码吗？马云懂互联网技术吗？阿里巴巴是马云与"十八罗汉"合作共同创立的。

比尔·盖茨与保罗·艾伦合作创立了微软公司，拉里·佩奇和谢尔盖·布林合作创立了谷歌公司，乔布斯与斯蒂夫·沃兹尼亚克、罗纳德·韦恩合作创立了苹果公司……

人们在顺境时，即使他想成功，他首先想到的也是自己，他想靠自己一个人的力量成功，除非没有办法，他从来不会去想着跟别人合作，一起成功。

此时，人与人之间的利益往往不一致，各人有各人的打算和考虑，每个人首先考虑的，都是自己的个人利益，很少有人去关心整个团队的目标。这个时候人们是很难团结起来，很难共同完

第五章　没有退路的时候，成功的要素突然间全都具备了

成一个目标的，此时团队没有什么战斗力，也很难获得成功。

而人们一旦处于绝境之中，就会积极寻找外界的力量，当大家都处于无路可退的时候，就会"共同合作"，变得"高度团结"。

一个团队一旦陷入绝境之中，绝境就会逼迫他们"高度团结"起来，一致对外，共同奋斗。这个时候团队内部成员之间就不会再钩心斗角，而是为了一个共同的目标互相合作，他们就会为了共同摆脱绝境，共同战胜敌人，共同活下去而拼死战斗。这个时候，团队的战斗力就会变得强大无比！

绝境使得人们"共同合作，高度团结"，成功的第四个要素，也一下子具备了。

5. 成功需要的第五个要素是"不怕挫折、坚持到底"。

有这么一个人，他出身贫穷，小学只读了四个月。为了学习，他只能到处借书，经常以苦力劳动换取书籍、报刊进行阅读，以此渐渐积累了包括诗歌、法律、传记在内的大量知识，此外，他还自学了几何。他做过摆渡工、种植园的工人，以及店员和石匠，后来通过自学成为一名律师。

他22岁生意失败；

23岁竞选州议员失败；

24岁生意再次失败；

25岁当选州议员；

26岁太太去世；

27岁精神崩溃；

29岁竞选州议长失败；

31岁竞选选举人失败；

34岁竞选国会议员失败；

37岁当国会议员；

46岁竞选参议员失败；

47岁竞选副总统失败；

49岁竞选参议员再次失败；

51岁竞选美国总统成功。

这个人就是亚伯拉罕·林肯，他是美国历史上最伟大的总统之一。

在成功路上有些困难是正常的，如果成功都是一帆风顺，如果成功没有任何困难和障碍，那么所有人都会成功。但现实中，成功的总是少数人，而这些少数能够获得成功的人，都是那些不怕挫折、坚持到底的人。他们在成功之前，从来不会放弃！

第五章　没有退路的时候，成功的要素突然间全都具备了

书稿写完之后，我正在想还有什么要补充完善的，这时我四岁多的儿子扬着头问我："爸爸你有没有把'坚持到底，绝不放弃'写进去啊？"我说："啊，你怎么知道'坚持到底，绝不放弃'这句话的？"儿子说："我是从动画片里看到的。"儿子之前跟我打架玩的时候，一旦被我打倒，爬起来动不动就很严肃、很大声地说："坚持到底，绝不放弃！"原来是从这里来的。

看到没有？连四岁多的小孩子都懂得要成功，就要"坚持到底，绝不放弃"，这是成功所必须具有的勇气。但我们很多人到了成年，在生活中受到多次打击之后，这种勇气变得越来越小了。

任何一个想成功的人，都应该知道，成功是需要付出代价的。我们都应该清楚地了解成功所要面对的困难，并且提前做好足够的思想准备。只有这样，当困难出现时你才不会觉得惊讶，才不会害怕和气馁。因为只要"坚持到底，绝不放弃"，就一定能够成功！那些能够"坚持到底，绝不放弃"的人，是内心真正拥有强大自信的人。世界上没有不可能，不可能只存在于失败者的思想中，世界上所有的不可能，到最后都成了可能。那些不懂得这个道理的人，永远不可能成功。

那些面对失败，能够不怕挫折，那些面对困难，能够"坚持

到底，绝不放弃"取得成功的人是少数的。很多人往往是遇到困难就会害怕，就会认为自己一无是处、认为自己再努力也不可能成功，所以他们就会主动放弃。

这些人的想法是极其错误的，有这种错误思想的人，一定是消极的人，一定是内心自卑、不够自信的人。这样的人在内心深处觉得自己能力不够，在别人面前低人一等，最终的结果是，他以后就会发现自己真的什么事情都做不了。

而这样的结果，反过来又会加深他的错误认识，让他更加自卑，更加觉得自己无用，最终导致他遇到困难时，首先想到的就是放弃，人们形成了这种惯性思维，成功就会离他们越来越远。

前面提过，我助理的表妹到深圳找工作，住在我助理家里。一开始，她还会出去找工作，但过了几个星期，经过几次面试失败、受到挫折打击之后，就变得消极起来，越来越不想出去，最后连楼都不下，整天待在表姐家里看电视。

由于她长时间待在家里看电视（长达9个月），让在家作画的表姐夫忍无可忍，最终闹翻，她也离开深圳回了老家。

一个人最怕的并不是困难，最怕的是他遇到困难时失去信心，遇到挫折后心灰意冷，认为自己能力不够。他们在这种心态的误导下，害怕困难，得过且过，消磨生命，成功自然不会青睐他们，

第五章 没有退路的时候，成功的要素突然间全都具备了

这样的人最终就会与成功无缘。

当她表姐陪她到我那里面试的时候，她打字、办公软件以及普通话都不行，她面试的时候连话都不想说，都是她表姐在帮她问，帮她回答，她头也不想抬，试问，这种状态的人，怎么可能成功呢？

估计她已经觉得自己没有希望，内心早就放弃了！找工作遇到这么点小困难，就不想坚持，只想着放弃，这样的想法真是大错特错。

世界上根本就没有困难，所有的困难都是因为不够坚持，只要坚持下去，积极努力，解决困难，所有的困难都会消失！打字不行，可以练习，办公软件不行，可以练习，普通话不行，也可以练习！只要坚持下去，这些问题很快就能被解决，而且还可以先找一个适合自己的工作，边做边学，边做边提高自己。最关键的是遇到困难不要光想着放弃，一定要坚持下去，这才是最重要的。

我们再来看下那位在澳大利亚留学的中国穷学生，为了读书和生存，他什么都做。为了赚钱，他放羊、割草、收庄稼、到餐馆刷盘子，他难道就没有困难吗？一个人在异国他乡，举目无亲，困难肯定是有的，但他在困难面前不是放弃，而是坚持！他没有

退路，他没有后援，他更没有依靠，他有的只是拼命坚持下去，他有的只是绝不放弃！

他去澳洲电讯公司面试线路监控员，当所有面试全都通过，主管最后问他有没有车，会不会开车时，他勇敢地回答说"有！会！"他在困难面前没有退缩，他在机会面前没有放弃！而是勇敢地把自己置于悬崖边上，让自己无路可退，让自己与困难决斗，让自己坚持到底！

最终，他在四天内完成了买车、学车的全过程，绝境让他坚持！绝境让他成功了，四天后他开着他的车去上班了。

在顺境中，当人们遇到困难和挫折的时候，因为有路可退，大多数人往往都不会坚持下去，他们首先想的就是退缩，因为坚持太难，而放弃太容易。那些在顺境之中，特别是靠别人的帮助之下，遇到一点困难和挫折就放弃的人真是可悲，他们觉得即使放弃，即使不去坚持也有依靠，他们觉得别人对他的帮助理所当然，最后他就形成习惯，形成依赖，最终成功离他而去。

而在绝境之中，人们在遇到困难时首先想到的是自己已经无路可退，遇到任何困难都一定要战胜，他们不怕挫折，不怕打击，因为在绝境之中，他们精力高度集中，全身心每个细胞想的都是如何摆脱困境，如何活下去。

第五章　没有退路的时候，成功的要素突然间全都具备了

他们心里没有一丝时间和空间去容纳那些诸如"害怕""失望""受打击"等消极的想法，他们更不会有任何放弃的想法，他们心里根本无暇顾及这些负能量的东西。在绝境中，他们脑子里有的全都是如何寻找生路、立即跳出火坑，他们遇到任何困难都会拼死搏斗，都会坚持到底、绝不放弃！

绝境使人们"坚持到底、绝不放弃"，成功的第五个要素，也具备了。

6.成功需要的第六个要素是"极高的效率"。

几乎所有的失败都与"低效率"有关，想获得成功，就一定要提高效率，持续快速地向前推进。

改革开放之初的深圳有句响亮的口号，"时间就是金钱，效率就是生命"，说明了效率的重要性。一个人要想成功，就要争分夺秒，抓住宝贵的机会和时间，按照计划高效地完成每个步骤，快速向前推进，迅速达成目标！

这句口号最早是由深圳的第一代拓荒者，当时担任蛇口工业区管委会主任、董事长兼党委书记的袁庚在1980年提出来的。

袁庚很早就意识到效率的重要性，早在1978年，初到香港的袁庚为了发展业务，需要购买一栋大楼。袁庚与卖主约定在星期

五下午2点预付定金2000万港元。办手续时，卖主将汽车停在门外没有熄火，一等交易完成，立即安排专人带着支票跳上汽车直奔银行。原来接下来是周末，银行都不上班，如果当天下午3点之前不能将支票交给银行，三天就要损失近3万元的利息。

这是一件在香港看起来很正常的一件事情，但却震惊了袁庚，让他惊讶于香港商人的效率，与当时的内地相比真是一个天上，一个地下，相差巨大。

此后，"时间就是金钱，效率就是生命"在深圳响彻天空，深圳大干快干，创造了震惊世界的"深圳速度"，获得了一个又一个奇迹一样的成功。

企业的成功也需要效率，为什么当年某些国有企业活不下去？就是因为员工效率低下。低效率意味着高成本，在市场经济中低效率和高成本一定会被淘汰，所有成功的企业一定是高效的，只有提高效率才能降低成本，企业才有竞争力。

IT(互联网技术)的本质就是裁员，就是提高效率。以后所有的智能经济本质上也是为了裁员，也是为了提高效率，降低成本。未来社会的发展趋势一定是效率越来越高，成本越来越低（艺术品、奢侈品除外），那些不能持续提高效率，持续降低成本的企业最终结局就是死亡。

人们在顺境之中，往往效率极低，而在绝境之中，人们的效

第五章　没有退路的时候，成功的要素突然间全都具备了

率才能达到最高。 我们都知道有句话叫"书非借不能读"，说的是一本书如果是自己的，人们就会觉得这本书反正是自己的，什么时候去读都可以，永远都有机会。所以往往就会束之高阁，到最后布满了灰尘，也许等到十年之后才会发现，十年之后这本书还没有读完。所以"书非借不能读"这句话说的就是如果没有一个期限，如果不是被逼着去做一件事情，人们的效率就会非常低。

而如果这本书是借来的，假如只有三天期限，那么在这三天之内，借书者一定废寝忘食，一定争分夺秒地把书读完，因为三天期限一到，就要还书，如果读不完就没有机会再读了。十年和三天，后者的效率是前者的1200多倍，顺境和绝境之下，人们的效率相差如此之大！这说明人们一旦被逼得无路可退，效率就会非常高。

永远都有机会，往往就是没有机会。

我曾经对此做过试验，刚开始做培训的时候，我把报名的学员分成两组，一组是学习期限为三个月，报名后必须在三个月内学完，另一组是没有时间限制，什么时候学完都可以。

这两组学员我观察了十年，第一组学员因为只有三个月时间，绝大多数人都能在三个月内学完，这组学员争分夺秒，利用所有业余时间认真、刻苦地学习，并能认真做作业，认真思考并向老师提出问题，学习效果非常好，获得了极大的提升。他们的学习

效率非常高，往往在一个月左右就能提前学完。

而另一组没有时间限制的学员，因为没有压力，他们只是偶尔有时间才学一下，有一半的学员在一年内学完，另外大约30%的学员在三年内学完，还有大约10%的学员在三年后，十年内学完。令人吃惊的是，10年后，竟然还有一部分学员没有学完！

一个月和10年，整整相差了120倍！前者的效率如此之高，后者的效率如此之低！

表面上看，我是对第一组苛刻，只给他们三个月的期限，但这样看似不近人情的要求却使他们效率极高。虽然从客户需求的角度来讲，几乎没有学员愿意给自己一个学习期限，他们都愿意选择没有时间限制的学习。

第二组学员，看上去我是对他们仁慈，满足了他们的需求，但实际上，我的仁慈却害了他们，使得他们效率极低。

青春是短暂的，人们成年进入社会之后，大多数人在这个世界上只有一万多天，而到退休之前能工作的时间就更少了，属于现在的每一天转瞬即逝，永远不会再来！我们哪里还有时间再去浪费！浪费时间就等于浪费生命，抓紧现在暂时还属于我们的每一天吧！

所以从此之后，我下定决心，不再"假仁慈"，所有课程都必须有一个期限。

第五章　没有退路的时候，成功的要素突然间全都具备了

这个世界上只有两种人，高效率的人和低效率的人，他们分别是成功的人和失败的人。**在顺境之中，因为没有逼迫，因为有路可退，因为不够急迫，所以绝大多数人效率极低。而在绝境之中，人们无路可退，必须拼尽全力，为了跳出困境，迅速完成目标。这个时候，人们的效率将会极高，这个时候，人们往往很快就会取得成功。**

绝境使人们极大地提高效率，持续快速向前推进，成功的第六个要素，也具备了。

7. 成功需要的第七个要素，是"延迟满足"。

任何事物的发展都需要时间和过程。一般来说，目标越大，那么完成这个目标所需要付出的时间越长，过程也越复杂，最后取得的成就也越大。反之，目标越小，完成这个目标需要付出的时间就越短，过程越简单，最后取得的成就也越小。

所以，一个人为了成功能够延迟满足，愿意等待更长的时间，往往就会获得更大的成功。人生就是一场马拉松，那些忍受能力强的人，更容易获得大的成功。

有些人为了完成一个目标能忍受一个月，一个月得不到结果就会放弃，或者明知一个月得不到结果，一开始就会放弃，因为

他觉得一个月时间好长，就忍受不了。大部分人为了完成一个目标可以忍受半年，也有些人为了完成一个目标可以忍受一年，再长也受不了。

还有一些人为了完成一个目标，愿意付出三年时间。**任何一件事情，只要找准方向，用对方法，全身心集中精力去做，坚持三年，几乎没有不成功的**。著名的"一万小时定律"说的也是不管做什么事情，只要坚持10000小时，基本上都可以成为该领域的专家。而三年时间全身心去做一件事情，每天付出10个小时，三年算下来将超过10000个小时。

如果能忍受十年，那一定能够获得非常大的成功，成为某一个领域的顶尖人物，而如果能为了一个目标，愿意付出二十年、三十年或者更长时间，他一定会做出伟大的成就，获得伟大的成功。比如我党从1921年建党到1949年建立新中国，用了整整二十八年时间。

现实中，很多年轻人属于"月光族"，当月的工资全部都花光，全都用来享受，**他们不想为了以后的成功而"延迟满足"，只顾满足自己的短期欲望，这样就很难获得成功**。有些人当月工资不够花，还会负债消费，这个月花下个月的钱，这样就会永远处于"穷忙"之中。

2011年，一位17岁的安徽高中生，为了得到一部iPhone4s

第五章　没有退路的时候，成功的要素突然间全都具备了

手机，不惜通过黑中介，把自己的右肾以2.2万元摘除卖掉。如今，这位原先身材挺拔、外形俊朗、前途光明的少年，身体逐渐垮掉，病情恶化到不能自理，终生只能卧床不起，让亲人照顾。这位年轻人因为虚荣，只顾满足自己的短期欲望，毁掉了自己的一生。

现在，一部iPhone4s手机值多少钱呢？

理论上讲，如果一个人每月的工资收入刚好能够满足当月的支出，他就不敢离职创业，去获取属于自己的成功。因为只要离职就意味着收入的消失，意味着马上无法生活，所以他只能年复一年，日复一日地工作。

年轻人想获得成功，就一定要尽快跳出"为了五斗米"活着的圈套，跳出为了生存而工作的现状。为实现自己的目标先尽量减少开支，积攒出创业所需的"弹药"和时间。

这个过程要尽量提前，因为刚毕业时生存压力很小。这个时候往往都是单身，花费也会较少，"一人吃饱全家不饿"，可以全力以赴尽快积累一些"弹药"去创业、去学习。在创业初期还没有盈利之前，让自己即使没有钱赚也可以生存一段时间，这段时间对你来说是非常重要的，只要成功了，就可以让你跳出一辈子打工的怪圈，让你改变命运！

所以为了成功，你一定要学会"延迟满足"。

如果一个人做不到"延迟满足"，只想着及时享乐，虚荣心太强，就很难获得长期的成功。很多人在收入不高的情况下，为了在朋友圈炫耀，手机要买最好的，衣服要买最好的，车子要买最好的，经常去酒吧、高档场所消费、喝咖啡、旅游、买进口商品……提前过上小资生活。"人前显贵，人后受罪"，他们只是用这些表面光鲜的生活来掩饰内心的自卑，这些人表面上过得很"小资"，但其实他们只是一个"月光族"，很难实现长远的目标，很难获得大的成功。

而如果一个人为了长期目标，能够"延迟满足"，愿意牺牲短期的享受，奋斗在先，享受在后，在成功之前，租最便宜的房子，用普通的手机，除了用于解决吃住、学习和投资自己等必需的花费之外，其余的收入全都节约下来。

这些节约下来的血汗钱，就是你用于成功所储存、必备的"粮草"和"弹药"。这是让你以后在奋斗时，能够让你坚持下去、能够让你活下去的东西。所以要尽量省，尽量不要动！

你的成功需要一次长征，而长征路上需要食物，这个食物你要不要提前节约、提前积攒出来呢？你能为了及时享乐把它消费掉吗？如果你提前消费了，你就是消费了你未来的成功。

第五章　没有退路的时候，成功的要素突然间全都具备了

在顺境之中，大部分人都想及时享乐，没有为了成功而"延迟满足"的迫切需要。而一旦到了无路可退的地步，人们就会为了尽快脱离苦海，甘愿"延迟满足"，甘愿牺牲暂时的享受，这个时候，他的忍耐力就会非常强，为了完成目标，为了跳出绝境，多长时间都可以忍受。

乔致庸是历史上晋商有名的代表人物，乔家做生意的第一代是乔致庸的爷爷乔贵发。乔贵发早年父母双亡，是一个衣不遮体无依无靠的光棍汉，他完全是处于一种无路可退的境地。

为了能够摆脱这种困境，乔贵发只能到外地去给别人做伙计。他为了能够自己做老板而"延迟满足"，不断积攒微薄的银两。在有了一定的积蓄之后，他就跟一个秦姓兄弟合伙去开草料铺，再之后开设客货栈"广盛公"……再之后，两人合伙的生意获利丰厚，改为"复盛公"。

在乔贵发时代的复盛公并不是乔家所独有，而是乔贵发和他的秦姓兄弟合伙做的，但为什么在后来的历史中，乔家一路兴旺，生意越做越大，而秦家却几乎销声匿迹了呢？

原来在生意获得初期成功之后，乔家子弟继续恪守祖训，要靠自己努力奋斗去获得成就，要注重节约，不能坐吃山空，贪图

享乐。所以乔家子弟"求名求利莫求人，须求己。惜衣惜食非惜财，缘惜福"。

而秦姓子弟却只想着及时享乐，吃喝嫖赌，挥霍浪费，不断从商号中将股份抽出，全部花光。乔家注重节约，把节约下来的钱全部用于补充秦家抽出的股份，所以最后秦家在复盛公只剩下8.9%的股份，乔家拥有复盛公91.1%的股份。

成功不一定非要绝境，有些人在顺境之中也能够为了成功而"延迟满足"，但更多的人在顺境之中，往往都是及时享乐，不会为了成功而"延迟满足"，而人们一旦处于绝境之中，往往就会为了尽快摆脱困境而甘愿"延迟满足"，愿意牺牲短暂的享乐，去换取长期的成功。

"延迟满足"能够让人们获得更大的成功，而绝境能够让这种需求更加迫切，让人们为了成功更容易做到"延迟满足"，成功的第七个要素，也具备了。

8. 成功需要的第八个要素，是"决心足够大"（因为决心太重要，所以在本书第三章中单独重点阐述）。

9. 成功需要的第九个要素，是要有"正确的方法"（方法非常关键，因此将会在本书第八章中单独重点讲解）。

第五章　没有退路的时候，成功的要素突然间全都具备了

10. 成功需要的第十个要素是"发挥潜能"。

人类的潜能有多大呢？恐怕没有任何人知道自己的潜能到底有多大，人类的潜能简直大到让人不敢相信。科学家研究证明，人的一生能够得到利用的脑力不到1%，还有超过99%的大脑潜能没有发挥。**人类的潜能就像一座冰山，我们能够感知的只是露出水面的一小部分，其余绝大部分潜能就像水下的冰山一样巨大无比，不为普通人所知，更不为普通人所用。**

我们把一个人能够利用的潜能分为三种，**第一种是人类能够感知的表层能力。**绝大多数人的生活、学习、工作中运用的只是表层能力的一部分，即使是有些成功的人物，他们所能运用的也只是表层能力，因为他们是经过了思考，然后用意识去支配自己的行动，最后做出一些成绩。

第二种是潜意识能力。潜意识能力是不用经过人的思考，人的行动是由潜意识支配自动完成的。

在我们人类的脖子两侧，有个不起眼的甲状腺组织，一般情况下我们是感知不到的，但这个小小的甲状腺却能够通过分泌甲状腺激素进而控制人体多个组织的运行，在儿童时期，它能控制我们的骨骼和脑的生长发育，同时它还能够控制我们身体新陈代谢的速度、心脏跳动的频率、水电解质平衡，以及维持神经、心

血管、消化、内分泌等系统功能的运行，都具有极其重要的作用。

甲状腺分泌的甲状腺激素要非常精确，要能够恰到好处地维持人体的多个系统正常运作。它分泌的甲状腺激素不能多，也不能少，否则人体都会出现问题（分泌多了就会形成甲亢，俗称"大脖子病"，而如果分泌少了，就会形成甲减）。这么一个小小的毫不起眼的组织竟然有如此强大的计算能力，而我们全身有多少个组织呢？我们需要分泌多少种激素呢？

我们的身体是非常复杂的，我们的身体有多少系统、多少组织、多少细胞呢？而我们在思考、学习、睡眠、工作、休息、娱乐、做不同的运动时，我们的大脑、神经以及所有器官组织、所有身体细胞需要多少氧气、能量、水分、盐分、各种微量元素和激素呢？恐怕，我们把全世界最优秀的数学家、生物学家、化学家、计算机科学家全部加在一起，运用全世界最先进的计算机也无法精确计算出来！

但我们的身体却能够瞬间自动计算出来，而且精确无比地分配到我们的每个器官、每个组织和每个细胞，这是一个何等强大的计算能力。这些异常复杂的计算过程不用人类的意识支配，而是在潜意识之下自动完成的。

我们每个人对自身拥有这样一个惊人的能力却感知不到，这就是我们人类潜意识的能力，人类的潜意识能力无比巨大。目前

第五章　没有退路的时候，成功的要素突然间全都具备了

一种获得公认的说法是，人类的潜意识能力差不多相当于表层能力的三万倍，一个正常的大脑记忆容量相当于6亿本书的知识总量，相当于一部大型电脑储存量的120万倍。

在我很小的时候，经常看到奶奶结网，她从小就学会了结网的技术，只要一有空，就结网赚零钱花，结一个网只赚几分钱，那是一种女孩子包头发用的网，有白色的，也有黑色的。从我记事时起，我就觉得奶奶结网的速度非常快，十里八乡无人能比，我一直觉得奶奶这个本领太神奇了。

有一次，我放学回家，正好村里好多个老奶奶都在我奶奶家结网，我就发现，其他几位老奶奶结网的速度很慢，像写字一样，一笔一画，而我奶奶结网是看不清的，手就像飞速运转的车轮子一样，我凑到跟前睁大了眼睛盯着看，一直盯到眼睛发疼，都没有看清奶奶到底是如何结网的。在后来的日子里，我也曾经多次试图看清奶奶结网的细节，但从来都没有成功过。

我一直觉的，如果我当时给奶奶申请吉尼斯世界纪录，一定能够成功。

还有一次半夜我起床，听到奶奶屋里有动静，就跑过去看，结果漆黑的房间内伸手不见五指（那晚没有星星，也没有月亮），只有"沙沙沙"的声音响，我问奶奶，奶奶你在做什么啊，奶奶说，睡不着就起来结网。我就问，这么黑你怎么不点灯呢？（那

无路才有路

时家里还没有电灯，都是点油灯）奶奶说，点灯太麻烦，不点了。我又问，这么黑，你能看到吗？奶奶说，不用看，结网哪还用看？！

我惊掉了下巴，那结网的速度听声音还是像白天那样飞速，"沙沙沙"的快速响个不停。要知道二三十年前的农村晚上，没有路灯，也不像城市这样有很多商店的灯光，如果没有月亮，那真是看不见任何东西。而我奶奶，每天晚上很早睡觉，老人睡眠时间又少，每天都是凌晨两三点就起来结网，从来不用点灯！

后来，我实在忍不住，就问奶奶，怎么别的老奶奶都结得那么慢，而你能结得那么快呢？奶奶说，是啊，她们结个网都像绣花一样，一下一下地，看着真是愁人，她们都是后来跟我学的。

奶奶结网从来不看，都是一边和别人聊天有说有笑，一边结网的手还是快到看不见影子。我继续问，那为什么你结网的速度那么快，我从来没看清过呢？你怎么结网的时候从来不看呢？晚上半夜起来不点灯黑乎乎的也可以结呢？

奶奶说，她3岁就死了爹妈，差点活不下来。为了生活，6岁就学习结网赚钱，今年86岁，都结了80年了。我彻底无语，再也不问了。

我奶奶结网的时候，根本不用思考结网的细节，更不用去看，结网的过程完全就是在潜意识下自动飞速完成的。因为她已经结

第五章　没有退路的时候，成功的要素突然间全都具备了

了80年，根本不用意识去支配。

第三种是可利用的无限潜能。比如人类通过利用宇宙的自然规律、科技的进步，实现登上月球的梦想。人类也可以利用大自然的太阳能、核能。现在人类正在实现万物互联、人工智能、自动驾驶，我们将会在多种场景实现"所说即所得""所见即所得"，甚至利用大脑意识实现"所想即所得"。在不远的将来，我们很快就会实现太空旅行，到时候人类就可以真正地遨游太空。

这就是利用自然规律，利用科技进步去延伸人的能力，这个能力来自人类开发智力，科技进步，这个能力来自开发自然，开发宇宙，这种能力是一种无限的潜能。

但人类利用这种无限潜能，推动科技进步的最大动力来自哪里呢？

其实很多情况下也是被战争这个威胁所逼出来的。战争是一个国家最大的威胁，是人类最激烈程度的对抗，所以对科学技术的需求最为旺盛。战争时期各个国家都会调动一切社会资源，集中本国最强大的力量、人才和资金去发展军事技术。因此，客观上战争极大地推动了人类科技的进步。

有资料显示，超过85%的军事核心技术可转化为民用关键技术。现代的互联网技术起源于美军的阿帕网、核能技术起源于曼

哈顿计划、航天技术起源于纳粹的V2火箭，这些都来源于战争和军事需求。这些技术不仅极大地推动了科技进步，还培养了大批高精尖人才，创造了难以估算的产值，更是直接推动了人类社会的发展。

整个人类前进的最大动力，来自战争的威胁，来自军事竞赛。 因为战争会使一个国家亡国，是"生死之地，存亡之道"。战争使一个国家无路可退，战争使一个国家处于绝境之中，在这种绝境之中，人类发挥出了最大的潜能。

大到集体，小到个人都是如此，**人们只要处于顺境之中，所能发挥的潜能非常少，绝大部分潜能都得不到发挥，也很难获得大的成功。** 而在绝境之中，人的身体各个组织会立即进入"紧急状态"，肌肉力量增加，思维敏捷，人的身体会自动帮助我们应对所有的危机。绝境使得平时用不到的潜能会被立即激活，让人们发挥出巨大的潜能，往往会获得巨大的成功。

很多成功的人物在开始的时候也像普通人一样，但他们遇到绝境之后发奋努力，最后获得极大的成功。一个人能获得多大成功，其实一开始连他自己也想象不到。要是当初就跟他说，只要你发挥潜力，你一定能获得如此大的成功，他自己是绝对不会相信的。

第五章 没有退路的时候，成功的要素突然间全都具备了

今天，如果我跟你说同样的话，你会信吗？

大多数人不会相信，更不会行动，这个时候他的绝大部分潜能就处于休眠状态，而一旦被逼上绝路，他就会赶紧去想，赶紧去做，并付出真正的行动和最大的努力，他自身蕴藏的巨大潜能就会被激活，最后他就会取得成功，甚至有时候会获得令他自己都难以想象的、巨大的成功。

如果人们不相信自己有这种潜能，他一开始就会觉得不可能，一开始就直接放弃。如果没有"开始"，怎么会有"结果"？那样的话，他就永远都不会成功。实际上，所有的可能都是由不可能变来的，完成一件可能的事情，算是成功，而把不可能变成可能，就是伟大，就是巨大的成功。

你觉得你生活中是可能的事多，还是不可能的事多？如果我说你只要发挥潜力，你就能成功，你觉得可能吗？

很多人在遇到问题，或者树立目标的时候，往往一开始就会觉得不可能。只要他们觉得不可能，他们的潜力就得不到激发，最后往往就很难成功。怎么办呢？这个时候需要绝境来刺激他！让他无路可退，只能前进。比如有人受到奇耻大辱后发奋努力，最后也获得很大的成功。其实在这里，他受到奇耻大辱，这也是一种绝境，这个奇耻大辱促使他做出改变，如果不改变，他以后就永远抬不起头，永远没有自尊！

无路才有路

在部队待过的人,都相信人的潜力很大,发挥不出来只是没有被逼着,只要一逼就能发挥出来。

我说人的潜力很大,有些人不信,我就问他们,你能做多少个俯卧撑?他说只能做二十个(大多数普通人都只能做二十个),我说我能立即让你做到100个,你信不信?他不信。然后我说你要绝对服从我的命令,因为军人就是以服从命令为天职。

现在你开始做吧,然后给我一把刀架在你脖子上,我命令你必须做到100个,如果做不到,我就一刀砍下去,他立即就可以做到!

部队中很多特种兵,原来也都是普通人,可经过部队的锤炼,经过各种各样的绝境逼迫,他们都变得十八般武艺样样精通,成为人中之龙,他们的潜力,全都是被逼出来的!

我们再来看一下本书开头那个故事,我军二十几人被数千日军重重包围,陷入必死的绝境之中,但他们为了实现"那三个愿望",为了这辈子不留下遗憾,所有战士全身绑上炸药,端着冲锋枪一起拼死往外冲,最后全部活着冲了出来。

这就是人的潜力。人的潜力是巨大的,但在平时很难发挥,在一般情况下,二十几人跟几千敌军相比,实力相差巨大,是很

第五章　没有退路的时候，成功的要素突然间全都具备了

难成功的。但在绝境之下，人们就会团结起来，拼死一战，这个时候就能发挥出人们自身超常的能量，创造奇迹！

人们在顺境之中，只要遇到一个稍大点的困难，他的意识自动就会告诉他这是不可能完成的，而他自身的潜意识却告诉他，他能行，但潜意识却是感知不到的，所以此时他的常识，也就是他的意识占了上风，使他觉得不可能，他身体蕴藏的巨大潜能得不到发挥，他就很难获得大的成功。

而在绝境之中，人的身体各个组织会立刻处于亢奋状态，潜意识能力会立即被激活，使他能够发挥出巨大的潜力，把原来觉得不可能完成的事情都变成了可能。

绝境能够使人们极大地发挥潜能，成功的第十个要素，也具备了。

人们在顺境之中，都会觉得成功太难，他们要么不够胆大，要么没有决心，要么不够坚持……所以他们巨大的潜力得不到发挥。

而人们一旦被逼到绝境之中，变得无路可退的时候，你就会发现，成功缺什么，就来什么，成功的要素一下子全都具备了。

绝境会使成功需要的要素自动补齐，帮助人们成功。

但生活中有一些人，遇到挫折或困难之后，就会认为自己一

无是处、认为自己做的一切都是无用功，从而自暴自弃。或许这些人天生就有自卑心理，他们在内心深处认为自己低人一等，自己什么事情都做不了。

一个人最怕的并不是没有发现自己的能力，最怕的是失去发掘自己能力的信心。特别是在经历一定的挫折之后，很多人对自己心灰意冷，认定自己和成功无缘，认定自己能力不够。在这种心态的误导下，这些人得过且过，浑浑噩噩地过日子，成功自然而然就不会光顾他们。

更有甚者，在生活中遇到挫折和打击，遇到自己感觉过不去的坎，或者感到未来渺茫，就选择逃避人生，走上自杀的道路，真是令人痛心不已！

其实他们没有明白一个道理，**任何事物都有两个极限，低谷之后，就一定是上升。**

自然界中任何事物都处于波动之中。大海的波浪、光波、声波、电子波，都是处于波动之中。

地球围绕太阳运转，也是一种摆动，一会儿离得远，一会儿又离得近。地球本身面对太阳的角度也在摆动，所以才有我们的"春夏秋冬"。疾风暴雨和风和日丽，冬天的寒冷和夏天的酷热，光亮的白天和漆黑的晚上，这些都会交替出现，不断循环。

时尚的来去也是一种摆动，一种时尚流行之后就会变得不时

第五章 没有退路的时候，成功的要素突然间全都具备了

尚，再过一段时间又会变得时尚起来。

我们的经济运行也会发生波动，也就是经济周期，我们的金融市场也在波动，股票、期货、外汇都在波动。

我们的建筑物也在摆动，那些摩天大厦每时每刻都在均匀地左右摆动，如果哪天不摆动或者左右摆动的幅度不一样了，这个摩天大厦就要倒了。摆动是正常、健康的表现，不摆动就是死亡的临近。

我们的脉搏每时每刻都在波动，我们的脑电波也在时刻不停地波动，当波动停止的时候，就是我们死亡的时候。

我们的思想、心理也是时刻处于波动之中，兴奋之后就是失落，失落之后又迎来兴奋。我们的想法也是处于波动之中，之前觉得正确，现在觉得错误，现在觉得错误，之后又觉得正确。

我们的感情、事业、收入……都在波动，**我们的成功和失败，也在交替出现**……如果没有波动，我们的宇宙将会毁灭。如果没有波动，就没有这绚烂多彩的世界，如果没有波动，我们将会彻底死亡。**波动使得这个世界生机勃勃，波动是世界上所有事物的存在方式。**

波动状态是宇宙中存在的真理，人生也是如此，人生也是波浪式前进，螺旋式上升。伴随着这种形态，人们的情绪也是时刻处在波浪式变化之中，螺旋式上升之后获得的成功才更加稳固，

更加可靠，就像把螺丝拧进去比用钉子钉进去更加牢固一样。

低谷就是地板，就是极限，就是最低，就是下限。低谷之后，不会再低。

所以人到了低谷，后面就是上升，绝不能想不开，而是高兴、兴奋，因为马上就是上升期，马上就会改变命运，马上就会变好，马上就会出现所有让你成功的机会和条件。只要你愿意，利用这些出现的机会和条件，你立即就会成功。

所以绝境就是机会，绝境就是成功的开端。

人生的低谷、绝境，和人生中出现的重大机会次数一样，都不会太多。人在一生中大约会出现7次成功的机会，这种机会大约每7年出现一次。在很多机会出现之前往往就是低谷，也就是绝境，这个时候我们一定要明白，这是成功在向你召唤，你很快将迎来成功的机会。

所以每个年轻人一定要明白这个道理，提前学习、提前准备，遇到人生低谷，遇到这样的机会，千万不可错过。只要准备充分抓住机会，第一次成功的人少一些，第二次就稍多一些。

因为第一次，第二次可能经验不足，但只要你抓住机会，发挥最大的潜力，拼尽全力去做，即使不成功，即使是再普通的人，也可以从中学到经验和教训，到了第三次，只要方法正确，绝大

第五章　没有退路的时候，成功的要素突然间全都具备了

多数人都会成功。

　　轻易得来的成功很快就会失去。而那些经历了失败，螺旋式上升之后获得的成功，就像那拧进去的螺丝钉一样，格外牢固！

无路才有路

第六章

为什么军事化管理是世界上最强大的管理

这种"生死之地,存亡之道"实际上就是一种"绝境",这种绝境使军队只能胜,不能败,否则等待自己的,就是灭亡的命运。在灭亡这种巨大的威胁之下,能够存活下来的军队,一定是战斗力最强的军队,一定是发挥出了团队最大潜力的军队,一定是运用了最有效、最强大管理方法的军队。军事化管理是不断淘汰、不断筛选后的最优结果,它是用战争这种最残酷的手段,是用死亡的代价换来的。

第六章　为什么军事化管理是世界上最强大的管理

有这样一组数据：在美国，世界500强企业的董事长、副董事长中有2/3的人毕业于西点军校，1/3的CEO毕业于西点军校，另外，世界500强企业的高管至少有7000人也是从西点军校毕业。相比西点军校，哈佛、耶鲁、斯坦福、沃顿这些商学院简直不足一提，西点军校培养的企业领袖相当于美国全部商学院之和。

"二战"以来，西点军校、美国海军学院和美国空军军官学校三所军校培养了1500多位世界500强首席执行官、2000多位公司总裁、5000多位副总裁。

实际上，西点军校的全称为美国陆军军官学校，位于纽约北部的哈德逊河畔，只是由于当地被人称为"西点"，于是被称为西点军校。西点军校从1802年建校以来，共有50000多名学生，已经培养出2名美国总统，4位五星上将，3700名将军，美国陆军中40%的将军都来自西点军校，同时，这所军校更是培养了无数优秀的企业家。

这些数据令人不可思议，在美国是如此，那么在我们国内，情况又是如何呢？

无路才有路

据统计，在我们国内，有军人背景的企业管理者占30%以上，中国500强企业中，有200多名总裁和副总裁都有过军旅生涯。他们在各自领域带领企业一路拼杀，获得了一个又一个巨大的成功。

比如电脑行业的龙头，联想集团的创始人柳传志拥有军人背景；房地产行业的龙头，万科集团的创始人王石原来也是军人；把一个濒临破产的地方企业，创办成全球第一白电品牌的海尔首席执行官张瑞敏也是军人出身；华为，从两万元起步到成为全球最大的通信解决方案供应商，其创始人任正非也是军人出身。

再比如将红塔山打造成中国名牌香烟，使一个濒临倒闭的、半作坊式的玉溪卷烟厂成为亚洲第一，74岁二次创业，用10年时间再次成功开创了褚橙品牌的褚时健，万达集团的创始人王健林，华远地产的任志强……他们也都是军人出身。

还有很多企业老板虽然不是军人出身，但他们学习和运用军事化管理，来管理自己的企业，获得巨大的成功，比如史玉柱，他虽然不是军人出身，但他运用军事化管理来让公司团队拥有超强的执行能力，也取得了很大的成功。

为什么军事化管理能够让国内、国外这么多企业获得成功呢？军事化管理为什么是世界上最强大的管理呢？这要从军事化管理的起源地，也就是军队说起。

第六章　为什么军事化管理是世界上最强大的管理

首先，军队来源于战争，军队就是用来打仗的，就是用来保家卫国的。军队的性质决定了军队必须时刻具有忧患意识，时刻准备打仗。在战争中，如果自己不够强大，就会被敌人消灭，所以军队能活下来的前提就是胜利。

这种"生死之地，存亡之道"实际上就是一种"绝境"，这种绝境使军队只能胜，不能败，否则等待自己的，就是灭亡的命运。

在灭亡这种巨大的威胁之下，能够存活下来的军队，一定是战斗力最强的军队，一定是发挥出了团队最大潜力的军队，一定是运用了最有效、最强大管理方法的军队。

这就是至今形成的军事化管理，军事化管理是不断淘汰、不断筛选后的最优结果，它是用战争这种最残酷的手段，是用死亡的代价换来的。这种结果，要么是胜利，要么是死亡，它不是理论，也不是用好坏和对错争辩出来的。验证它的，只有两种结果，那就是"死"和"活"，现在的军事化管理，是那些能活下来、能战胜对方、唯一有效的管理方法，因为那些不好的管理，都同运用它的军队，一同消失了。

这是外部环境逼迫军队运用最有效的管理方法，发挥出团队最大的潜力。而**在军队内部，同样也会形成无数绝境，逼迫每一位军人都具有强大的执行力，令行禁止，严格服从，勇猛顽强，从而使整支军队保持最强大的战斗力。**

比如"服从命令是军人的天职"。部队之中，军令如山，对于命令，军人是必须不折不扣地完成的。命令一旦下达，不管遇到任何困难，都不找理由，不找借口，都必须全力以赴，立即完成！

"服从命令，听从指挥"是全世界所有军人都必须严格遵守的，否则就会受到严厉的惩罚。在战争时期，如果敢有违抗军令者，可"就地枪决"。对每位军人来说，这就是一种绝境，这种绝境逼迫每位军人在任何时候，都必须"服从命令，听从指挥"。这就是军人严格执行力的来源，也就是内部的"绝境"。"命令是必须执行的""服从命令是军人的天职"深刻在每一位军人的脑海中。

这看似残酷，但如果治军不严，就必然会使部队在战争中被敌人消灭。对内严明军纪，正是为了让团队所有人活下来！所以军队有句话叫"慈不掌兵"。所有军人都明白一个道理，要想战胜敌人，要想在战争中最后活下来，所有人都必须绝对服从命令。只有这样，整个团队才能形成钢铁一般的战斗力，才能发挥团队巨大的潜能，才能取得最后的胜利。

当冲锋号吹响的时候，全体战斗人员都像猛虎下山一样端着冲锋枪、机关枪和各式武器，一起黑压压地扑上去，这个时候，如果有人胆敢后退，必然会使更多人效仿，团队士气就瞬间崩溃。这个时候，指挥员如果不果断处置，就地枪决，就会使整场战斗失败，最终会让整个团队一起付出更加惨痛的代价。所以为了保

第六章 为什么军事化管理是世界上最强大的管理

证战争的胜利,对于违抗军令者,只能枪决以严明纪律。**这一切,都是为了让部队发挥出最大的战斗力,让团队取得最大的胜利,这一切,都是因为"绝境"的逼迫,因为无路可退,只有拼死一搏,不拼死杀敌的结果,就是灭亡。**

这种上级任务下达后的坚决执行,在团队中一旦成为习惯,就会形成强大的执行力。这种高效的执行力,一旦带入企业,就能让企业发挥出巨大的潜力,让企业提升效率,迅速壮大。军队是全世界最高效的组织形式,军事化管理是全世界最强大的管理。军事化管理能够提升团队执行力,让团队拥有超强的战斗力,而这些,都是任何一个企业所苦苦追求的。

这种高效的军事化管理,是任何一所商学院都培养不出来的,能培养这种高效作战团队的地方,只有军队或者军事院校。所以那些军人企业家领导的企业,在大方向正确之后,就坚定意志,所有团队成员坚决完成上级下达的任务,公司各级员工,上至总经理,下至一线员工,全都为了完成目标,服从命令,高效执行。团队成员团结和凝聚成一块钢,勇往直前,顽强奋斗。这样的公司就会形成强大的战斗力,就会在竞争中远远超过其他一般的企业。

无路才有路

柳传志在多个场合经常讲述："我在军事院校时的班主任讲的一些故事对我有非常大的影响。在辽沈战役中，班主任所在的部队总觉得自己是战斗力很强的一个团，有一次到黄永胜的总队里去配合作战。黄永胜跟该团团长约定好占领某制高点的时间，到达目标时，全军发动总攻。但在真打起来时，该团却怎么也拿不下来，眼看时间快到了，再不行的话就要影响总攻了。黄永胜大怒，当场就把团长给撤了，换上了自己的精锐部队，结果快速拿下了这个制高点。他的那些战士根本不怕死，一个个全都一起扑了上去。部队这种冲的劲头不得了，为达到目标不顾一切。"

柳传志用这种军人作风来打造自己创办的联想，他有一句口号——"把5%的希望变成100%的现实"。当他们决定要做某件事的时候，就会一往无前，不顾一切。他以身作则，带领公司不断前进，占领大片的市场。

任正非在公司内部讲话中也多次讲过，"一个团打山头，打不下来，当场就把团长撤了，让连长当团长，最后山头真的打下来了，这个团长就给连长当了……"任正非强调，公司在规模还不大的时候，必须要靠高层管理者的决心来推进公司前进。

任正非经常用战争情形来比喻企业的市场竞争，用军人的作风培养出一群勇猛顽强的"土狼"，战无不胜，攻无不克！

第六章　为什么军事化管理是世界上最强大的管理

军人的作风是敢打敢拼、勇敢顽强、杀气腾腾，在困难面前果断执行、决不犹豫。为了完成目标，不怕失败、不怕挫折、坚持到底，誓死完成任务。军人有钢铁一般的顽强意志，军人铁骨铮铮、处事干练、有大气魄，军人有着普通人难以想象的坚忍。军人为了胜利，即使是死，也会全力以赴，他们连死都不怕，人生路上还怕什么呢？！

军人的这些气质，已经牢牢地刻在他们的骨髓中，会伴随他们一生，他们即使脱下军装，也依然不改。

当军人企业家创业的时候，这种铁血风格就会影响下属，进而影响整个公司团队。一个公司的文化、做事风格，很大程度上取决于创始人的风格。这种风格一旦形成，就成为企业的基因，很难改变。

商场如战场，企业和军队在很多地方往往都是相通的。为了战胜竞争对手，为了抢占市场，那些实行或者借鉴军事化管理的企业，全体成员服从命令，坚决执行，行动迅速。这种拥有高效执行力和强大战斗力的铁血团队，最后往往都取得了胜利。

而如果一个公司不能严格执行命令，很多人就会为了自己的利益违抗命令，不服从指挥，他们就会内讧，形成严重的内耗。

这样的公司，部门与部门之间各自为战、团队内部涣散、人心浮动，他们行动迟缓、优柔寡断、他们在困难面前畏缩不前，怕这怕那，这样的公司在最后往往都倒闭、解散了。

而军人这些优良的作风，都是因为"绝境"所逼迫出来的，在这种"绝境"之下，只有具备这种作风，才能够取得胜利。

军队所处的绝境，让他们不断研究在竞争中战胜对手的方法，诞生了无数的兵法谋略，使得他们在面对复杂的战争态势之时，做出最有利于自己的战略选择和战术选择，从而用最小的代价，获取最大的胜利。

这些兵法谋略，完全可以应用在商业竞争之中，这些用战争这种"绝境"验证过的方法，这些用鲜血和死亡的代价换来的兵法谋略，是人类的智慧结晶。这些方法，运用在商业竞争领域，同样可以让公司选择正确的战略战术，迅速战胜对手，获得迅速发展和壮大。

一个人只要学会了军事化管理，就可以成为世界上最优秀的管理者之一。军事化管理就是使团队成员不断地陷入"绝境"之中，只能前进，不能后退，从而让团队整体迸发出最大的战斗力，让团队不断前进，不断获取胜利。

很多人可能觉得军事化管理缺乏人性，可能会对这种管理方

第六章 为什么军事化管理是世界上最强大的管理

式感到反感，进而产生抵触情绪，这是因为，他们没有意识到现代社会还处处充满竞争。如果他们团队的每个成员都有一个理想，都有一个信念，都想通过个人的奋斗实现团队的胜利，当他们把团队的胜利放在第一位的时候，当他们愿意为了团队胜利付出任何代价的时候，当他们觉得团队失败自己利益也会无法保障的时候，他们就会理解这种管理方式，就会自觉遵守上级命令，就会团结起来一起奋斗，就会形成强大的战斗力。

在共产主义的按需分配这种理想还没有实现之前，人类社会一定会到处充满竞争，就像现在的创业一样，死亡率还太高。那些不懂竞争，不会竞争的人和公司，一定会被残酷地淘汰。

正因为军事化管理能够让团队形成高效的执行力和强大的战斗力，世界500强企业中才有那么多企业领袖是从军事院校中培养出来的，正因为如此，中国才有那么多具有军人背景的企业家，也正因为如此，才有无数优秀成功的企业运用军事化管理去管理企业。

一个人想在团队中获得成功，就一定要懂得"团结就是力量"，懂得从坚决执行上级的命令开始，懂得从坚决完成上级的任务开始，让自己在团队中获得成功。只有自己做到这些，理解了这些，最后才能成为团队的领导者，才能继续用这种方式带领团队不断前进，不断成功。

一个团队领导，一个想创业的人，或者已经创业的老板，更应该理解军事化管理为什么成功，学习和借鉴这种优秀的管理方式，带领团队和公司不断发展，取得更大的成功。

"兵熊熊一个，将熊熊一窝"，一个企业的领导，一定要有"头狼"意识，一定要具有超强的勇气和坚强意志，把公司打造成一支铁血队伍，让公司具有最高效的执行力和最强大的战斗力。

人类的发展史往往伴随着人类的竞争，而战争是人类历史上最激烈的竞争，在战争和死亡这种"绝境"的逼迫之下，军事化管理成为人类目前为止最强大的管理。

第七章
为什么"围师必阙,穷寇勿迫"

给别人留条退路,自己的路才好走。"得饶人处且饶人",凡事不要做得太绝。否则把别人逼得无路可退,把别人逼入绝境之中,他就会跟你拼命,跟你决一死战,这个时候,就会给自己造成很大的麻烦,甚至反过来把自己逼得无路可走,最终导致自己的失败。

第七章　为什么"围师必阙，穷寇勿迫"

"围师必阙，穷寇勿迫"是对"置之死地而后生"的反向应用，既然"置之死地"能够让自己的团队迸发出巨大的潜能，从而赢得最后的胜利，那么在对我方有利的情况下，也不要把对手"置之死地"，万一他们全都拼死决战，就可能会给我方造成巨大的损失，甚至导致自己失败。

"围师必阙，穷寇勿迫"是战争中的一条重要法则，是从长期的战争实践中得来的一条重要经验，历史上运用这条军事原则取胜的例子数不胜数。在1232年那场著名的三峰山战役中，蒙古军在钧州（今河南禹州市）三峰山将金军拦截。蒙古军知道金兵急于突围，就故意让出一条路，当金兵争相逃跑之时，蒙古军伏兵四起，大败金兵。

在解放鲁西南战役中，解放军也成功地运用过这一军事原则来取得胜利，减少伤亡。1947年7月14日，刘邓大军将国民党第70师、32师和两个半旅包围于六营集内。刘伯承、邓小平考虑，六营集是一个只有200户人家的村庄，粮食、饮水奇缺，敌军两个整编师和两个半旅挤在这一狭小地区内，若对其四面围攻，敌

无路才有路

军必做"困兽之斗",我军最后即使取得胜利,也会付出相当大的代价,因此采取"围三阙一"的部署,由第六纵队三面强攻六营集,东面虚留生路,由第一纵队在六营集以东布成袋形阵地。

当晚20时,解放军从北、西、南三面同时向六营集实施猛烈进攻,敌军果然向东突围,结果正好落入解放军布设的口袋阵,解放军将逃跑的敌军割裂打乱,敌军失去指挥,官兵纷纷逃散,失去战斗力,最后被解放军全部歼灭。

六营集战斗中,解放军以最低的伤亡代价,取得了战斗的胜利。如果在一开始就对敌人实施全面包围,那么敌人一定会为了求生做出殊死搏斗,到时候解放军即使取胜,也会付出惨烈的代价。所以采取"围三阙一"的打法,给敌人一条后路,在他们逃跑的路上提前布设包围圈,在敌军逃跑时歼灭他们,将会用最小的代价,巧妙轻松地取得胜利。

只有给对手退路,自己才能更加安全。我军很早就有一条"优待俘虏"的对敌政策,"三大纪律,八项注意"的最后一条也是"不虐待俘虏"。很多人可能不理解,甚至感到气愤,特别是在抗日战争时期,为什么日军对我国军民那么惨无人道,而我军还对他们实施"优待俘虏",对投降的日军"不能打,不能骂,给他们医疗救助,还要好吃好喝伺候他们"呢?

其实,"优待俘虏"正是"围师必阙,穷寇勿迫"的兵法精髓,

第七章　为什么"围师必阙，穷寇勿迫"

只有给敌人留一条退路，敌人才会放弃对抗到底的决心，只有让敌人感到他们还有路可退，他们才不会拼死决战，我军才能在战争中付出更少的代价。

"优待俘虏"对我军取得最终胜利有非常深远的重大意义，绝对不只是一时的仁慈。在解放战争中，解放军对国民党军队依然"优待俘虏""不搜腰包、不打骂、不侮辱他们的人格，愿回家的发给他们路费放行，愿留者欢迎，经过教育后补入人民解放军部队"。

根据权威解放战争史专家、军事科学院研究员毕建忠的介绍，解放战争后期，我军战士70%是掉转枪口打老蒋的国军俘虏。在三大战役结束时，人民解放军补入了俘虏兵80多万，使解放军的数量开始超过国民党军队，此时，国民党军仅有204万人，人民解放军则上升为358万余人，这是一个伟大的战略转折。

同时，解放军对起义的国民党军队"起义有功，既往不咎"，对投诚的国民党军队"给以礼遇"，解放军用这种优厚的对敌政策，在减少了战争代价的同时，大大加快了全国解放的进程。

解放军对投诚和起义的国民党军队"既往不咎""给以礼遇"，是出于人性上的关怀，向对方表达解放军是一支"仁义之师"。更重要的是，这是战胜敌人的一种优秀策略。试想一下，如果敌军也"置之死地而后生"，那对解放军将会造成多大的麻烦和损失。

如果不给对方一条退路，那就是将他们置于"绝境之中"，他们没有第二种选择，必然奋起反抗，这将会对我军造成极大的伤亡。我们前面讲过，绝境会让人们变得"胆大"无比，为了活命，什么都敢做；绝境使人们为了共同活下去而拼死战斗；绝境使人们"高度团结"；绝境之中人们退无可退，为了能够跳出火坑，他们将会"坚持到底"；绝境还能够让人们极大的"发挥潜能"，爆发出巨大的能量……所以说，如果把敌军逼入绝境，不给他们第二种选择，就会导致敌军的战斗力大大增强。

军队的"优待俘虏政策""优待起义和投诚军队"就是为了瓦解敌军的斗志，给他们留一条后路，使他们不要拼死抵抗，这将会大大减少战争的代价，更有利于战争的胜利。

若解放军的对敌政策是不给国民党军队任何退路，全部歼灭，那一定会付出不知道多少倍的伤亡代价，全国的解放进程也一定会慢很多。

给别人留条退路，自己的路才好走。"得饶人处且饶人"，凡事不要做得太绝。否则把别人逼得无路可退，把别人逼入绝境之中，他就会跟你拼命，跟你决一死战，这个时候，就会给自己造成很大的麻烦，甚至反过来把自己逼得无路可走，最终导致自己的失败。

我们还是再来看一下《北京人在纽约》这部剧中，王起明在美国的处境已经非常惨的情况下，制衣厂老板大卫（爱尔兰裔美国人）抢走了他的妻子郭燕。在中国的传统文化中，"杀父之仇"

第七章 为什么"围师必阙，穷寇勿迫"

和"夺妻之恨"是并列的，这就使王起明陷入了绝路，逼得他无路可走。王起明恨死了大卫，所以他趁大卫和他前妻郭燕去外地度蜜月之际，不断地修改自己设计的毛衣，最终得到服装商人安东尼的认可，并且抢走了一半本应该属于大卫的毛衣订单。

之后，王起明联合他的好朋友阿春，开始了与大卫的竞争。王起明获取大卫的商业机密，知道大卫为了抢欧洲一批大订单押上了他的全部财产，于是王起明立即从大卫的制衣厂挖走大批熟练工人，大卫制衣厂又用新手，结果制作的毛衣不合格被全部退回，大卫在安东尼处的订单全部被王起明抢走。大卫一分钱都没有拿到，工厂瘫痪没有资金维持，工人拿不到工资哄抢了工厂的物资，大卫的工厂于是破产倒闭。

这就是大卫在别人混得那么惨的情况下，还去抢走别人妻子的后果，他让王起明走投无路，只能让王起明加倍地恨他、报复他，最终在商业上让他破产。

任何时候，都要给自己的对手留一条路，别逼得人家走投无路，只有这样，自己的路才越走越宽。可在商业上胜出的王起明却继续羞辱和报复大卫，王起明已经让大卫的制衣厂破产了，但他还是对大卫充满仇恨。在大卫惨到了都要卖汽车的地步之后，阿春劝王起明"应该终止对大卫的仇恨了，杀人不过头点地"。

但王起明不答应，他非要让大卫尝尝大年三十晚上送外卖的滋味。王起明非要把大卫的工厂买下来,把大卫原来的工厂变成自己的,阿春提醒他差不多就得了,王起明就是不听,他把大卫的工厂买下来后,还羞辱大卫,对他说:"如果你不介意,我可以在秀梅(原来是大卫的员工)的底下给你安排个职务,非常抱歉,不是管理人员。"

走投无路的大卫到王起明的工厂做了一份搬货的工作,大卫忍辱负重,暗中观察,等待打败王起明的机会。最后,大卫终于等到王起明犯了一个错误,王起明开始投资房地产生意,他花高价贷款买下了一栋商业楼,原本想把房子租出去后可以用租金偿还银行贷款,结果遇到经济危机,加之楼房所在位置偏僻,他花高价贷款买下的楼房租不出去,每月要还大量的银行贷款,同时楼价大幅下跌,卖也卖不出去,很快他制衣厂那边的资金全部被抽空。

此时大卫找到安东尼,劝他不要给王起明结算货款,狡猾的安东尼需要两家供应商互相竞争,于是答应了大卫,并且给了大卫很多订单。王起明的制衣厂发不出工资,就等把毛衣做完,拿到货款后发工资,在王起明按时供货给安东尼,安东尼却说因为经济原因,这批货不能结算,而只能给他结算原来欠款的三分之一,共4万美元。

王起明制衣厂的工人已经开始起哄,如果当天拿不到工资,

第七章 为什么"围师必阙，穷寇勿迫"

就会抢光他的设备，发工资需要20万美元。现在这仅有的4万美元远远不够，走投无路的王起明拿着这4万美元去了赌场，想赚回足够的钱给员工发工资，结果全部输光。此时的王起明走投无路，没有任何办法，眼看就要破产。

出人意料的是，此时大卫找到王起明，王起明本以为大卫是为了复仇要收购他的制衣厂，可恰恰相反，大卫是来救他的。大卫跟王起明说，安东尼是只"老狐狸"，他以前用你来压我，现在又故技重演用我来压你，现在不想再这样被安东尼耍了。大卫拿出一张十万预付款的订单和一张四十万的支票送给王起明，他要用王起明的设备和厂房，大卫和王起明说："我们联手玩一次安东尼，这样他马上会把拖欠你的货款付清，然后就跟他拜拜了。"

大卫在把王起明打败之后，没有把他逼得无路可走，而是给了他一条活路，跟他合作，共同对付狡猾的安东尼。

《北京人在纽约》是美籍华人曹桂林先生根据自己在美国的真实经历所写，在现实中，即使战胜了对手，也要给别人一条退路，不要把别人逼得走投无路。人的一生之中，朋友总是越多越好，敌人总是越少越好，当你树立的敌人越多，自己以后的路就越难走。

即使别人犯了错误，你抓住了别人的把柄，也要见好就收，不要"得理不饶人"，把别人逼得无路可走。

收藏大师马未都在他的节目《观复嘟嘟》中讲了这样一个故

无路才有路

事：民国时候有一个富家子弟，跟一个舞女好上了，最后一不小心还让舞女怀孕了，可这位富家子弟的家里不可能接受舞女当儿媳，他的身份不允许这样做。

那怎么办呢？给钱，虽然给钱不能弥补一个人所犯的错误，但这也是没有办法中的办法，这个富家子弟就给舞女赔了很多钱，一次不成两次，两次不成三次，可是赔了很多钱之后这位舞女还是没完没了。这个时候这位富家子弟就没招了，他被这位舞女逼得无路可走，只好求救于当时的上海滩老大杜月笙。

杜月笙意味深长地说了两句话，第一句话是问"按规矩办了吗？"底下人说，"按规矩办了，双份"。意思是说，这种事情都有一个行情价格，我们已经翻番了。杜月笙听完后就说了第二句话"那就按规矩办吧。"底下人心领神会，把舞女装麻袋里扔黄浦江里去了，这事儿就这样结了。

这位舞女长期混迹于风月场所，仗着自己有一些后台，得理不饶人，那位富二代已经尽了全力，给了很多钱，但她还是没完没了，最后逼得那位富二代走投无路，只好求杜月笙帮忙。这位舞女逼得别人无路可走，最终却让自己付出了生命的代价。

在日常生活中，我们如果把这个道理延伸一下，就是**在任何时候都要注意给别人台阶下，给别人面子。哪怕是别人犯了错误，也不要当众指出，识破别点破，给别人一个台阶下，给别人一个**

第七章 为什么"围师必阙,穷寇勿迫"

面子,这样别人就会从内心非常感激你。

中国人把面子看得比什么都重要,"士可杀,不可辱"就是这样一个道理,面子在有些时候甚至比生命还重要。我们每个人都有不小心犯错的时候,但心理学研究证明,没有任何人愿意让自己的错误在公众面前暴露出来,那样就会让他感到非常难堪和恼怒。所以在任何时候,都要懂得给别人一个台阶下,保全别人的面子。否则,如果你不给别人台阶下,不给别人面子,一定会让他对你充满仇恨,他一定会在其他场合让你难堪,一定会对你报复。

有一位高僧受邀参加素宴,席间,高僧发现在满桌精致的素食中,其中一盘菜里竟然有一块猪肉。高僧的徒弟故意把肉翻到菜面上,打算让宴客的主人看到,没想到高僧立刻用自己的筷子把肉掩盖起来。这位高僧没有当众点破,没有让宴会的主人难堪,而是帮他掩盖,给这位主人一个台阶下,保全了主人的面子。

生活中,对别人的错误识破不要点破,给对方一个台阶下,为对方留点面子,不要得理不饶人,让对方走投无路。如果你不给他台阶下,他反过来对你报复,对你没有任何好处。

其实,不光是中国人爱面子,整个人类都爱面子。意大利艺术家米开朗琪罗最伟大的作品之一,是他的大理石雕刻大卫像。

可很多人不知道，当米开朗琪罗刚雕好大卫像时，主管官员看过之后，竟然不满意。"有什么地方不对吗？"米开朗琪罗问。"鼻子太大了！"那位官员说。"是吗？"米开朗琪罗站在雕像前看了看，大叫一声："可不是吗？鼻子是大了一点儿，我马上改。"说着就拿起工具，叮叮当当地修饰起来，过了一会儿，米开朗琪罗请那位官员再去检查："您看，现在可以了吧？"官员看了后高兴地说："好极了！这样才对啊！"

其实，米开朗琪罗刚才只是偷偷抓了一小块大理石和一把石粉到上面做做样子，从头到尾，他根本没有改动原来的雕刻。他这样做只是为了保全那位官员的面子，很好地解决了这件事情。

即使是帮助别人，也要让被帮助的人心理上好过，不要在帮助别人时让别人难堪，让别人没有面子。

古代的穷人如果遇到过不去的坎，有些富人想帮他，就在晚上把一些银两包好，放在穷人的窗户台下，他们很注重对方的脸面。而穷人第二天受到帮助，保住了脸面，心里会无比感激，他们在帮助别人的同时，还要注意别人的心理感受。他们不会只为自己获得别人的赞扬而让别人面子上难堪，这种帮助才是真心地帮助别人。

国学大师章太炎有一次落难，遇到了经济上的麻烦，杜月笙知

第七章 为什么"围师必阙,穷寇勿追"

道后,总是一个人偷偷地对他暗中帮助,为的就是要顾全一代大师章太炎的面子。杜月笙经常去章太炎家拜访,而在临走的时候,他把一张小钱票,折成小方块,放在茶碗底下,然后静悄悄地走掉。

所以一代大师章太炎对杜月笙充满了感激,不仅为杜月笙改名(杜月笙本名"杜月生"),还亲自为他修订家谱,与他建立起了"平生风义兼师友"的交情。

当时军方曾有官员专门跑去向他请教如何"驾驭"属下,杜月笙笑了笑说:"最好不要谈什么方法,更不要说什么'驾驭之术'。有一件事情你不妨试试看,想办法去了解你部下的困难,譬如说有人急需钱用,你就不使任何人晓得,亲自送一笔钱给他。"

杜月笙对待下属,同样是给人留足了面子。他不仅帮助有难处的下属,还会让别人心理上感到最舒服,保全他们的面子。

如果一个人帮助别人,做点善事就唯恐天下不知,这只会让被帮助的人心理上不舒服,他只是为了自己得到别人的夸奖,这种帮助,与"施舍"无异。

什么是最成功的领导,这就是最成功的领导!这是让人心服口服的领导,我们可以想一下,那些我们曾经的领导,那些能令我们信服的领导,我们能记住几个?我们所能信服的,都是曾经对我们好的领导。所以,如果你想成为一个好的领导,就要首先做到真心关怀你的下属。

很多人说，情商高就是会说话，会说话就是给别人面子。其实给别人台阶下，给别人面子，也说明这个人内心善良，他处处为别人着想，不想别人难堪，最后别人就会对他感激不尽，就会想方设法回报他，这正是"善有善报"。

就像一位德高望重的人，他先有"德高"，才能有"望重"，他品德高尚，尊重别人，扶危济困，一生只做有益于公众的事，所以他才能获得所有人的敬重。

一个内心善良的人，一个德高望重的人，即便是帮助别人，也会让被帮助的人心理上舒坦。在别人犯错之时，他当然会给别人台阶下，他当然会保全别人的面子，他当然也一定会在别人无路可走时，给对方一条退路。

"围师必阙，穷寇勿迫"说的是"给对方一条退路，不要把别人逼上绝境"。其实，这个道理还可以延伸到借钱这类事情上。当然如果你为了帮助别人，送钱给他是另外一回事，因为那样就不需要别人还了。而如果一开始就说好是借钱给别人，在借钱的数目上，一定要让对方还得起，这也是给别人的一条退路。

如果你借钱给别人太多，让他还不起，他就没有了退路。他既然还不起钱，那么他在没办法的情况下干脆就不还了，彻底跟你成为"仇人"。

第七章 为什么"围师必阙,穷寇勿迫"

从古到今,人的本性都是很难改变的,就像人饿了要吃饭,就像所有动物受到伤害就会退缩,就像人伸手遇到火烫疼了往回缩一样,是自然发生的,又是难以改变的。

如果你借给别人的钱,是一个别人还不起的数目,那要么你就别要了,如果你想要,就是让别人陷入绝路,他在死活都还不起、没有退路的情况下,就只能跟你闹僵。从这个意义上说,这是你的错,是你让他陷入绝路,是你让他还不起,所以才激发了他人性中"恶"的一面,这种结果,是你自己造成的。

所以,久负大恩必成仇。

第八章
自断退路，人生就一定会更加成功

我向上天请求，给我绝境吧！如果上天不给，那我就自己创造绝境！为了成功，我会自断退路，自设绝境！逼自己爆发出所有的能量，从而迅速成功。任何一个人，为了达成目标，在关键时刻如果敢于自断后路，自设绝境，把自己置于无路可退的悬崖边上，就一定能够成功。因为，如果不成功，就死无葬身之地！

第八章 自断退路，人生就一定会更加成功

公元前628年的春秋时期，秦国与晋国在崤山展开激战，秦军几乎全军覆没，主帅孟明和其他几个将领也成为晋国的俘虏，此时晋国的国君为晋襄公，而晋襄公的母亲文嬴为秦国宗室之女，孟明等人最后是靠文嬴的帮助才侥幸逃离晋国。

经过三年的练兵和准备，公元前625年2月，为雪崤山之耻，孟明再次挂帅统领秦军攻打晋国，结果再次惨败，只带着不到两千秦军逃了回来。

当年冬天，晋国联合宋国、陈国、郑国共同攻打秦国，秦国无力抵抗，联合大军如入无人之境，夺取秦国大片领地，大获全胜。

秦国连续惨败了三次，全国上下都憋着一股劲，都想报仇雪恨。公元前624年，在准备了一年之后，孟明再次向秦穆公请求发兵，并请秦穆公亲自挂帅，以壮军威。秦穆公答应了孟明的请求，亲自挂帅，带领两万秦军向晋国进发。

秦军登船渡河，进入晋国境内，等全部秦军下了渡船，孟明向秦穆公建议，把所有渡船全部烧毁，置之死地而后生，让全体士兵都要下定必胜的决心，如果失败，上至秦国国君，下至每个士兵，谁都别想活着离开晋国。秦穆公接受了孟明的建议，命令

无路才有路

手下往船上倒上焦油等物，亲自点上火把，把所有渡船全部烧毁。

秦军自断退路之后，全军上下决一死战，一路所向披靡，连战连胜，多个关隘被接连攻破，重新夺回之前丢失的大片领地。

秦军敢于自断退路，全军上下众志成城，最终大获全胜，秦国重新找回了威望，影响力大大提升。

这就是历史上著名的"济河焚舟"。

秦军统帅敢于自断退路，他们取得了胜利。当他们把所有船只烧毁的时候，就下定决心，无论如何一定要战胜对方！只能胜，不能败！这个时候他们没有退路，就只能奋勇杀敌，这个时候所迸发出来的能量，是非常可怕的。

大多数人都喜欢顺境，人们在做一件事情的时候，很少会把全部资源都投入到一个篮子里，人们都喜欢给自己留后路，觉得后路越多越安全，人们更不希望自己陷入绝境。可是有一类人，他们为了成功，敢于自断退路，敢于自设绝境，他们最终创造了历史。

历史上这样的例子很多，在"济河焚舟"四百多年后，项羽用"破釜沉舟"的办法，自断退路，再次创造了历史。

项羽面对比自己强大得多的秦军，没有惧怕，他率领军队渡过漳河，准备与秦军决战。他让全军将士吃完一顿饱饭，每人只带三天的干粮，然后下令将渡河的船只全部凿沉，把做饭的锅全

第八章　自断退路，人生就一定会更加成功

部砸烂，把附近的房屋全部烧掉。项羽用这种方法表明自己的决心，志在必得，绝不后退！

全军将士都被项羽这种钢铁般的意志所感染，全都豁了出去，个个奋勇杀敌，拼死杀向秦军，最后终于以弱胜强，大败比自己强大的秦军。

项羽与强大的秦军作战，"破釜沉舟"，将自己和所有将士置入无路可退的绝境之中，所以全体将士拼死决战，最终大败秦军。

而与项羽同时代的韩信也深信"置之死地而后生"，在必要的情况下，"置之死地"能够让军队树立必死的决心，往往能够反败为胜，把不可能变为可能。

公元前204年，韩信带领军队攻打赵国。面对二十多万赵军，韩信的军队只有区区几万人，而且其中有一半是新招募来的，缺乏训练，没有作战经验，所以韩信的兵力比赵军弱很多。

韩信派一万人马作为先锋部队，前进到井陉口附近，沿着绵蔓水背水列阵，自断退路。然后亲自率领另一部分汉军向井陉口杀来。赵军主帅陈余看到汉军发起了进攻，传令赵军出击。漫山遍野的赵军向韩信带领的汉军冲了过来，双方大战了一段时间，韩信假装战败，向绵蔓水方向后退。赵王歇和陈余以为汉军打了败仗，就命令全体赵军倾巢而出。

无路才有路

韩信带着汉军退到绵蔓水边，和原来背水列阵的一万汉军会合起来，重新同赵军展开激战。前面是大批敌兵，背后是水深流急的绵蔓水，在这紧要关头，汉军要么是向前拼死杀敌，要么是后退淹死水中。所以汉军将士全都以一当十，奋勇杀敌，拼死战斗。

此时，韩信派出的另一支2000人的精兵乘虚杀向赵军大本营，把赵军的旗帜全部拔掉，换上汉军的红旗。而全体出动的赵军在绵蔓水边和汉军苦战，被韩信的军队杀得连连后退，走到半路，远远看见赵军的大本营都插满了汉军的红旗，全都大惊失色，以为赵王已被汉军俘虏，于是抛戈弃甲，纷纷溃逃。

占据赵营的汉军乘势杀出，韩信指挥汉军主力部队同时反攻过来，两面夹击，把赵军彻底打垮，斩了赵军主帅陈余，俘虏了赵王歇，韩信指挥汉军取得了这场战役的完全胜利！

韩信攻打赵国，"背水一战"，自断退路，把自己和士兵置于绝境之中，所以士兵全都以一当十，拼命杀敌，最终大败比自己强大数倍的赵军。在关键时候，只有懂得自断后路，才能发挥出巨大的能量，才能战胜敌人。

孟明、项羽和韩信都创造了历史，他们为了成功，都敢于自断退路，这是一种大气魄，这种气魄不是常人所拥有的，想想在生死抉择之中，换作一般人，他敢吗？因为他不是将别人置于死

第八章 自断退路，人生就一定会更加成功

地，而是将自己连同所有士兵一起置于死地，真正做到上下同欲。如果不拼死杀敌，自己将和大家一起战死沙场。大敌当前，他敢于以身作则，为了胜利，决不后退，这才是大将风范。

如果一个老板，一个管理者，也有这种气魄，他绝对能够获得成功，在关键时刻如果他敢于自断退路，他一定能够带领团队达成目标。

什么叫领导力，这就叫领导力。能够让团队所有人佩服、并且跟你一起拼尽全力去完成目标的领导，就是最好的领导。

什么叫执行力，这就是执行力。将自己和团队置之死地，只能胜，不能败，全体成员团结成一块钢、一块铁，拼死决战，这就是最好的执行力。

一个老板，若想做大自己的企业，若想获得更大的成功，就一定要有这种置之死地而后生的勇气，能够带领团队奋勇前进，不断取得一个又一个胜利。

这样的人，才是真正的成大事者，才有领导风范。这样的人，会感染无数人，会让跟随者信服，会让对手胆战心惊，不战而退。这样的人，想不成功都难！

史玉柱就是一位这样的人，他为了成功，敢于自断退路。前面我们两次提过史玉柱创业的经历，提到过他创业时的决心，以及他创业失败后自己陷入无路可退的绝境之中，之后再次创业成功。

无路才有路

可实际上，他在深圳大学读研究生是安徽省统计局领导的决定，是上级决定将他作为第三梯队送到深圳大学软科学管理系进修研究生，只要一毕业就可以被定为处级干部，就可以在政府部门"当官"。在那个年代，"当官"意味着光宗耀祖，意味着前途辉煌。

可他却要"辞职下海"，这简直是要"自绝于社会，自绝于人民"。他的同事，他的领导，连最了解他的父母和妻子也不理解，觉得不可思议。

辞职意味着自断退路，他唯有创业成功，别无他路。面对人们的评论，他曾经慷慨激昂地对朋友宋京京说："如果下海失败，我就跳海！"史玉柱在辞职之初，就把自己置入无路可退的绝境之中，就发誓要成功，不成功，就去死。

这是何等的悲壮！这是何等的气魄！一个老板为了成功，敢于自断退路，敢于自设绝境，他就是一位好的统帅。统帅如此，底下的团队就会成为虎狼之师，就会拥有强大的作战能力。从此，他开始了发疯似的创业路程，一路拼杀，开发软件、保健品，从事服装、房地产、金融投资、网络游戏等行业，成为中国企业界的传奇人物。

相比自断退路的冒险，人们往往更喜欢给自己留足退路，往往更喜欢安逸的环境，人们不喜欢冒险。但在很多现实情形中，

第八章 自断退路，人生就一定会更加成功

人生如果不是自断退路，便是一无所获！不自断退路、不敢冒险的风险往往更大，因为那会使自己安于现状，白白浪费一生的大好光阴。

很多创业者，在创业之初先找好退路，这样的创业者很难经受九死一生的考验，只有自断退路，才能获得更大的成功，创业是件高风险的事情，那些敢于冒险，敢于自断退路的人往往都成功了，而那些不敢冒险，不敢自断退路的人大部分都没能成功。

人们常说"知足常乐"，但"知足"也是成功的死敌，"知足常乐"指的是那些退休后无所事事的人，即使一个人80岁，90岁，100岁，如果他还在持续学习，不断奋斗，他就依然年轻。一个年轻人如果也"知足常乐"，就会使他远离成功。一个人如果处于"知足"的状态之中，安于现状，他永远不可能成功。而如果一个人不知足，为了完成更大的目标，敢于自断退路，去逼自己成功，往往就会获得更大的成就。

人们刚毕业走向社会的时候是相差不大的，但十年、二十年后，人们为什么会天差地别呢？就是因为有些人"知足常乐"，安于现状不思进取，而有些人自断退路，不断前进！

拉里·埃里森是甲骨文公司的创始人，很多人可能不熟悉他，

但IT行业的人都知道，甲骨文公司是世界上最大的数据库软件公司，我们每个人其实都在使用他公司的产品，也就是oracle数据库，我们在网上看到的大量信息，都是以数据形式从oracle数据库中读取的。

拉里·埃里森是硅谷首富，2014年《福布斯》美国富豪排行榜上，拉里·埃里森以500亿美元财富排名第三。他创办的甲骨文公司是全球第二大软件公司，但他却是一个辍学生，没有取得大学文凭，他后来创业所用的编程技术全部都是自学来的。

当他成为辍学生的那一刻，他就成了一只敢于冒险的饿狼，只要一有机会，他就会自己创业，暂时的工作也只是为了赚点生活费。后来当他阅读了IBM（国际商业机器公司）研究人员发表的一篇关于数据库理论的论文后，意识到这是一个巨大的市场，他立即根据论文中的数据库理论，研发自己的数据库产品，他最初只用1200美元创立的甲骨文公司，后来成了全球第二大软件公司，获得了巨大的成功。

比尔·盖茨在哈佛大学只读了一年便辍学创业，创办了大名鼎鼎的微软公司，连续多年成为世界首富，是无数创业者心中的偶像。

全球著名的戴尔公司，其创始人迈克尔·戴尔，在得克萨斯

第八章　自断退路，人生就一定会更加成功

大学奥斯汀分校选修医学，在大学第二年就辍学创业，创办了后来的戴尔公司。在2016年福布斯全球富豪榜中，迈克尔·戴尔以198亿美元的身价排名第35位。

马克·扎克伯格，创办了全球著名的Facebook(脸书),2018年7月7日，扎克伯格超过巴菲特，成为全球第三大富豪。马克·扎克伯格也是为了创业，在2004年从哈佛大学辍学。

而苹果公司的创始人乔布斯大学只读了几个月，后来在他21岁时，在自家车库创办了苹果公司。2018年，苹果公司成为美国首家市值超过万亿美元的上市公司。

只读了几个月大学的乔布斯，是一位伟大的企业家和发明家，他创造了历史，他改变了整个世界。

在某些人的眼中，这些人都不算人才，因为他们没有读完大学，没有取得文凭，所以不能算作人才，更不能作为引入对象。可就是这些不被世俗认为是"人才"的人，创造了辉煌。一个人到底能成为什么样的人，到底能够获得多大成功，只能由自己说了算，自己的命运只能由自己来主宰。

这些伟大的企业家都获得这么伟大的成功，实际上，他们的

辍学也算是一种"绝境",在他们辍学的那一刻,他们就已经断了后路,他们创业只能成功。即使暂时工作,也只是为了赚点生活费,只要一有机会,他们就会创业,就会自己做老板。他们已经断了退路,他们只能拼命奋斗,不断取得一个又一个胜利。最终,他们都创造了历史,影响或者改变了世界。

绝境能够让人们全力以赴,能够让人们奋力拼搏,不断前进,获得成功。拉里·埃里森和乔布斯是由于其他原因被迫辍学,而比尔·盖茨、戴尔和扎克伯格却是主动辍学,自断退路。他们失去了退路,只能成功,不能失败!

当他们放弃学业或者失去学业的那一刻,他们就已经没有了退路。他们前面只有一条路,那就是一定要做老板。所以,他们就集中所有精力于一点,拼尽全力去做老板,让自己一定要成功!

很多人等到毕业之后,拥有了一份学历,他们的第一想法是找一份好的工作。他们努力的方向就是"找工作",也就是成为一个为别人打工的人。即使他也想当老板,可他觉得太难了,他觉得没有资金,没有人脉,没有资源,没有技术,没有客户……他会找无数条自己无法成功的理由。最后,他因为有退路,因为有了学历,他可以找一份体面的工作,于是,在困难面前,他退缩了。

因为找工作似乎更容易一些,人们总是愿意去做容易的事情,

第八章 自断退路，人生就一定会更加成功

这是所有人的本性。而工作的时间越久，他的收入和职位越高，他离开的机会成本就越大，他就越难以对现有利益进行割舍，他离老板的梦想就越来越远。

笼中的鸟儿有食吃，可久而久之，它失去了自我觅食的能力，当有一天主人把它放出来的时候，它很快就会被饿死。任何一个人，天生都有无数创造力，都不想平庸，都想自由，都想成功，他们本来都是可以成为老板的。但一个人打工久了，他就会失去创造力，失去敏锐性，失去野性。

他怕了，更重要的是，这样的日子过了很多年之后，他逐步进入中年，此时他的负担也越来越重，他要养家糊口，他到了上有老、下有小的年龄，他成了全家的顶梁柱，他的工作收入成了家中唯一或者最重要的收入来源。再加上此时他的收入随着经验和工龄的增长也越来越高，他辞职的机会成本也越来越高。而家里的支出越来越多，这样，他就越来越难以离开这份工作，他就更加害怕去创业，担心创业失败。

这样的情况持续下去，他不得不像牛一样天天劳作，以防哪一天病倒了无钱医治，孩子没钱教育，家庭开支、父母养老、房贷、车贷……这些大山压在他的头上，他终于失去成为老板的能力，最终一生也没有实现做老板的梦想。因为，他从来就没有行动，他连去尝试都没有过，怎么可能会有结果呢？

当然，这并不是说在学校读书不好，相反，年轻人要好好学习，不管在学校还是进入社会，都要持续学习各种知识和文化，学习各种成功的方法。我们也绝不是说参加工作不好，相反，当一开始没有经验的时候，找一份工作也是一种获取经验的方式，当参加了工作，有了一定的社会经验，想创业的时候，就要下定决心，一定要成功。

而在必要的时候，为了达成难以完成的目标，可以"自断退路"，把自己置于无路可退的绝境之中，拼尽全力，尽快成功。当获得一定的成功之后，如果还想获得更大的成功，还可以继续"自断退路"，你会发现，你获得的成功会让你想都想不到！

因为**只有失去退路，人们才敢树立目标！因为只有失去退路，人们才会立即坚决行动！因为只有失去退路，人们才会奋勇前进，一定要拼死获取成功！**

绝境能够让人们更加成功，而成大事者，往往在关键时候敢于自断退路，让自己获得更大的成功，让自己完成难以完成的目标。

年轻人想要成功，想要自断退路，从尽早自立开始！

父母如果不逼着自己的儿女尽早自立，处处提供帮助，短期

第八章　自断退路，人生就一定会更加成功

内他可能会觉得对自己有好处。但只要把时间拉长，从一生的角度来看，实际上是害了他。他在没人帮的时候，就会逼自己更加成功，你这一帮，使他有了退路，使他不再拼命奋斗。

他本来是有更大志向的，他本来是想出人头地的，他本来是想更加成功的，但他鼓足的这口气，由于你的帮助，给了他后路，使他一下子泄掉了，所以他的志向变得越来越小，最后只能苟且偷生，一事无成。所以你的帮助，在本质上是在害他。

在很多发达国家，为什么年轻人18岁就必须要自立，自己赚学费，自己生存，最后自己买房，他们在成年后不再依赖父母，反而过得很好。尽早自立更有利于他们的成长。因为自立，实际上就是人生面对的第一种"绝境"，这种"绝境"会逼迫自己学会生存，这种"绝境"会逼迫自己更加成功。

而如果父母给子女留下一大笔钱，很多人就会不工作，不学习，这个人很快就会成为废人。中国的父母只要有钱，往往全都花在子女身上，拼命在各方面给下一代提供各种帮助，为他们提供上大学的学费和生活费，帮他们买房买车。有些人毕业很久还跟父母住在一起，花父母的钱，做"啃老族"，所以在中国很多家族总是逃不过"富不过三代"的规律。

就是因为父母的处处帮助，会让下一代不用太努力就过上安逸的生活，让他们失去继续奋斗的动力，最终让他们成为平庸之辈。

一百多年之前，我们被嘲笑为"东亚病夫"，一百多年后的今

天，我们还要做东亚病夫吗？我们还是长不大的巨婴吗？那为什么人家可以18岁自立，不再靠父母，而我们就做不到呢？！

我们再来看一下前面多次提过的那位澳大利亚留学生，在面试工作的最后关头，当面试主管问他是否有车，是否会开车的时候，他咬牙回答面试主管的提问："有！会！"他当时也是为了成功，自断退路，把自己置于无路可退的悬崖边上，主动让自己陷入绝境，在四天时间内完成了买车和学车的过程。

在机会面前，他敢于自断退路，完成了常人难以想象的事情，最终也获得了成功。

人生不可能一帆风顺，遭遇失败，它能让你结束错误的想法，从而选择正确的做法。人生也会遇到各种困难，甚至让你陷入绝境，但绝境却往往会使你改变命运。而那些伟大的人物，往往为了完成目标自断退路，自设"绝境"，让自己获得更大的成功。

对于绝大多数人来说，如果不把自己逼到绝境中，他的潜能永远也无法爆发，不逼自己一把，永远不知道自己有多大潜力，不自断后路，永远不可能获得更大的成功。

二十年前，有一个年轻人来到深圳，他下火车走出罗湖火车站的第一件事，就是从兜里掏出50元钱，撕碎之后扔到垃圾桶里。

第八章　自断退路，人生就一定会更加成功

因为撕掉这50元之后，他身上剩下的钱就不够买一张回老家的火车票。

他说了一句"深圳，我来了！"他来深圳之前就立志创业，发誓一定要成功。家，是再也回不去了，就算是死，也要死在深圳。**他为了成功，一下火车就自断退路，让自己陷入无路可退的绝境之中。**

那个年代，深圳很小，找工作也比较困难，他为了生存，摆过地摊，做过搬运，洗过车，捡过废品……

他攒钱创业，失败一次，就打工赚钱，攒够了钱再创业，再失败一次，就再打工赚钱，再失败，再来一次！创业失败最惨的时候，他曾经几天没吃一顿饭，曾经差点儿被冻死在深圳路边。

他睡在荔枝公园，吃馒头就凉水，也睡过罗湖蔡屋围，圣诞节只穿单衣的他，半夜刮风冻得睡不着，就起来找个垃圾桶，把里面的垃圾倒掉，然后把装垃圾的袋子套在身上挡风继续睡，有时候还会被保安踢醒，不让他睡在那里……他原来睡觉的地方，就是现在的京基100大厦。

失败算什么！他一点也不怕，他早就"置之死地而后生"，早就把自己置入无路可退的绝境之中，为了成功，他可以付出任何代价，为了成功，他可以去死。他连死都不怕，还怕什么困难，

无路才有路

还怕什么失败？！

最终，在经过三次创业失败之后，他终于获得了成功，这个原本一无所有的年轻人，凭着自断退路，成功地拥有了属于自己的公司，完成了他当初的目标。他赤手空拳，单枪匹马，仅仅凭着一腔热血，凭着钢铁一般打不垮、摧不烂的坚强意志，在深圳这个陌生的地方，开创了自己的一片天地。

因为他自设绝境，让自己没有退路，不管付出任何代价，都只能成功，不能失败！

任何人在安逸的环境中，都很难获得成功，从某种意义上来说，成功都是被逼出来的。如果没有逼迫，大多数人都很难获得成功。

成功靠自觉吗？实际上，能够靠自觉成功的人是极少数的，大多数人都是被逼迫的。管理是逼迫，惩罚也是逼迫，交通规则如果没有惩罚会有人自觉遵守吗？公司员工如果没有管理和制度约束会自觉遵守吗？分散制在家上班为什么不可行，就是因为不好管理，人性中都不会自觉。人们的各种行为，都是靠规章制度，都不是靠自觉的。一个社会的正常运行，也是靠法律来治理。

如果没有环境和规则逼迫，我们就可能不会去读书，可能现在还是文盲，如果不是因为疾病所逼，我们现在可能还没有医学，

第八章　自断退路，人生就一定会更加成功

如果不是因为风雨逼迫，我们现在可能还会住在荒山野岭，如果不是因为严寒逼迫，我们现在可能还会赤身裸体……

我们被逼了99次，我们被逼成了别人所要求的人，那为什么我们不能再自己逼自己一次，把自己变成一个成功的人呢？

这个世界上有无数的管理和规则，只是为了逼你成为顺从的人，逼你成为一个普通的人，但没有一个规则是为了逼迫你成功的。

能让你成功的只有一个，那就是绝境！绝境！绝境！只有绝境才是你最好的老师，最好的朋友，最好的恩人，你一生中最感激的，就是绝境！

我不喜欢困难，也不喜欢风险，我喜欢绝境！因为只有绝境才能让我使出全力去拼搏，只有绝境才能让我立刻下定决心，只有绝境才能让我决一死战！

对于绝境，我求之不得，每当绝境来临的时候，我都会开怀大笑，只要绝境来了，事情就没有办不成的，问题就不会再是问题，只要绝境来了，就再也没有完不成的目标！

我向上天请求，给我绝境吧！

如果上天不给，那我就自己创造绝境！为了成功，我会自断退路，自设绝境！逼自己爆发出所有的能量，从而迅速成功。

无路才有路

任何一个人，为了达成目标，在关键时刻如果敢于自断后路，自设绝境，把自己置于无路可退的悬崖边上，就一定能够成功。因为，如果不成功，就死无葬身之地！

第九章
断了退路，会有无数成功的方法

　　人与人之间原本差距并不大，但人活一辈子，有些人只能从事一份辛苦的工作，操劳一生却只能解决温饱，而有些人却能够赚取亿万财富，赚取别人100倍、1000倍，甚至超过别人10000倍的财富。难道这些人脑子的聪明程度会超过普通人10000倍吗？！对于成功来说，方法最重要！在没有退路的时候，不懂方法自然就会去学。

第九章 断了退路，会有无数成功的方法

成功当然是有方法的。绝大多数人不成功，是因为方法不对！

任何一个人或者一个组织，想获得成功，最关键的一点，就是需要正确的策略和方法！如果方法不正确，即使再努力，也有可能导致无法成功。

比如那些记忆高手，他们可以按顺序记住几千个毫无规律的数字，他们可以一字不差地背诵整本书的内容，他们也可以在短时间内按顺序记住几千张油画碎片。

这些记忆高手都是天才吗？实际上，他们在成为记忆高手之前，都是一些普通人，那他们的记忆水平为什么会如此高超呢？

他们能够成为记忆高手的最关键之处，是因为他们学会了有效快速记忆的方法。任何人只要学会了这些方法并加以练习，都能够成为记忆高手。

而且，很多人在成为记忆高手之前，是因为自己学习成绩差、记忆能力不如别人才去学习这些记忆方法。当他们学会了这些方法后，立刻变成了普通人眼中的"记忆天才"，他们可以在短时间内准确地按顺序记住各种毫不相关的事物，并且可以逆序背诵。提问序号，他们可以准确说出事物名称，提问事物名称，他们可以准确说出序号。

如果世界上只有少数人能够做到，那可能他原来就是奇才。可问题是，几乎所有人在学习掌握了快速记忆的方法之后，都可以成为记忆高手。这就说明，绝大多数记忆高手能够成为记忆高手的原因，不是因为他是记忆天才，而是因为他学会了记忆方法。

这个世界上有太多的人都很能吃苦，他们非常努力，但最后还是无法取得大的成功。他们辛苦一生，他们很能坚持，但最后他们还是只能勉强度日。他们累死累活、付出了太多，但只能取得一点点的成就，这是为什么呢？

其中**最主要的原因是他们不会成功的策略和方法，成功一定是需要正确的策略和方法的，那些成功的人，一定是懂得成功方法的人。**如果方法不对，很可能会让自己失败或导致巨大的损失。

一个人要想获得成功，最重要的首先是要选择正确的赛道。

2009年6月25日，美国的音乐天王迈克尔·杰克逊突然逝世，享年50岁。他的逝去震惊了全球，他被吉尼斯世界纪录认定为世界历史上最伟大的艺术家之一，被誉为流行音乐之王、世界舞王，

第九章　断了退路，会有无数成功的方法

是世界乐坛、演艺圈里绝无仅有和最具代表性的风云人物，从20世纪80年代起为整个现代流行音乐史缔造了一个传奇时代。文化评论家"汉普顿之梦"称他："有史以来最伟大的流行巨星，再也没有青年歌手可以与他相提并论。"

杰克逊去世的当天，我又观看了他一些过往的演出视频。在舞台上，杰克逊魅力四射、星光闪烁，他的舞蹈动作能让人一下子充满激情和活力，他的音乐震撼人心。在观看的时候我就在感叹，身材消瘦的杰克逊幸好没有去打拳击，如果他去跟泰森打拳击，恐怕会被泰森打得很惨。他即使再努力，最后恐怕也打不过泰森。而泰森幸好没有去唱歌，如果泰森去唱歌，他也唱不过杰克逊。

幸运的是，杰克逊和泰森都各自选择了自己擅长的领域，他们分别在自己擅长的领域去跟别人竞争，他们都选择了正确的赛道，最后都获得了巨大的成功。

成功是有很多条路可以走的，很多人不成功，往往是选错了赛道，你在一个自己不擅长的领域去跟别人竞争，想获得成功就非常困难。

有些人学习成绩好，能够获得较高的学历，刚毕业就可以进入一些有名的大公司，获得一个好的职位。但有些人虽然学习成绩不好，也没有很高的学历，却同样在社会上取得很大成绩，甚至比那些高学历者取得更大的成功。成功并不一定非要学习成绩

好，成功并不一定非要取得高学历，只要换一条赛道，在自己擅长的领域去跟别人竞争，低学历者一样能够成功。

比如成龙，在我们的主流教育观念中，他一定是一个不折不扣的差生，他很难取得学业上的"成功"，但他却在武术表演领域获得巨大成就，就是因为他不擅长学习，他选择了他自己最擅长的领域，他选对了赛道，他成功了。

一辆马车，如果是在平坦的赛道上，一定比不过法拉利，但马车可以选择在泥泞路上跟法拉利竞争，就可以超过法拉利。同样的，法拉利在泥泞路上比不过马车，就可以选择在平坦的赛道上跟马车竞争。

太多人不成功，就是因为没有选对赛道，没有在自己擅长的领域去跟别人竞争，用自己的弱项去跟别人的强项竞争，是很难成功的。

游击战的核心就是"打得赢就打，打不赢就跑""必要时拖队伍上山"。八路军跟日军的机械化部队打仗，在开阔地上打不过他们，就会选择在山地、丛林之中，让敌人的机械化优势发挥不出来。

游击战就是选择用自己最擅长的方式去跟敌人打仗。如果在自己不擅长的地方，或者用自己不擅长的方式去跟敌人决战，等待自己的必定是灭亡。

第九章　断了退路，会有无数成功的方法

可生活中，有太多人就是因为错位，没有找到自己的长处，发挥不了自己的天分，而成不了天才，从而导致人生的迷茫。其实只要找到自己的长处，加以发挥，终生朝这一个方向努力，每个人都能够获得极大的成功！

在自己最擅长的领域，每个人都是天才。只要选择了正确的赛道，在自己擅长的领域去跟别人竞争，每个人都能成功。很多人成功的过程其实就是在寻找、发现自己最擅长领域的过程。有些人找到得早，他就早一些成功，有些人找到得晚，他就晚一些成功。而有些人一生都没有找到，他一生都在自己不擅长的领域去跟别人竞争，结果他一生都没能成功。

很多人发现，找到自己最擅长的领域往往是在失败之后，是在被逼迫之下做出的另一种选择，换句话说，是一种"绝境"使自己发现了自己最擅长的领域。

很多人都听说过这么一个故事，在英国有一个小女孩，名字叫吉莉安·莱尼。她在学校上课的时候总是坐不住，学校老师认为吉莉安有学习障碍，她没有办法集中精力，总是动来动去。她妈妈也收到学校的通知，如果这种状况得不到解决，会影响其他同学上课，只能离开学校。妈妈没有办法，只好带吉莉安去医院

无路才有路

看医生。

妈妈和医生讲完孩子的问题之后，医生对小女孩说："我要和你妈妈私下谈谈，你在这里等会儿，我们很快就回来。"然后，医生拧开了桌上的收音机，音乐响了起来，他们刚刚离开，吉莉安就随着音乐自己跳起舞来，等到医生回来开了门，她还在旁若无人地跳舞。医生看了一会儿兴奋地说道："夫人，孩子没有问题，她是个天生的舞蹈家，送她进舞蹈学校吧！"

到了舞蹈学校，吉莉安开心得要疯了！"我简直不能形容有多美妙，在那儿全是像我一样的人，他们不能坐着，必须在移动中思考。"她笑着说道。后来吉莉安考入英国皇家芭蕾舞蹈学校，成为知名的芭蕾舞演员。此后她更是成立了自己的公司，本人亲自出任编舞，与一位知名作曲家合作，音乐剧《猫》由此诞生，后来连续上演7000场，成为百老汇历史上最经典的剧目。吉莉安，那个曾经被老师放弃的多动症女孩，一跃成为亿万富翁。

吉莉安在一种不适合自己的地方，无疑是非常失败的。她在不适合自己的方向上断了退路，这种失去退路的失败最后逼迫她的妈妈带她去看医生，最后反而发现了她最擅长的地方。吉莉安是幸运的，她遇到了一位好医生，这位医生发现了她最擅长的地方，吉莉安在她最擅长的领域，获得巨大的成功。

但这个世界上大多数人并没有这么幸运，他们都是处于得过

第九章 断了退路，会有无数成功的方法

且过的顺境之中。在顺境之中，他们没有被逼去找到自己最擅长的地方，他们都在自己不擅长的领域苦苦挣扎，他们如果像吉莉安一样早点发现自己最擅长的地方，并且在自己最擅长的领域去跟别人竞争，他们原本是可以获得更大成功的。

绝境使很多人获得成功，其中一个原因，是人们在突然陷入无路可退的绝境之时，他的大脑和全身所有器官就会立即自动进入"紧急战备"状态。这时，我们体内的肾上腺素大量分泌，血液立刻在骨骼肌和大脑中加速循环，血氧含量增加，身体所有器官和思维就会变得高度敏感，极度活跃，会立刻为我们应对突发危机做好一切准备。

有过这种体验的人都知道，在这种情况下，大脑运转得相当快，各种奇思妙想一下子就会涌现出来，并且会迅速筛选出最好的解决办法，帮助我们马上跳出危险的境地。而在事后，往往会为自己能够在短时间之内想出这种绝妙方法而惊叹不已，因为这在平时是没有胆量去想，或者很难想出来，很难做出来的。但在绝境之中，最好的方法往往全都冒了出来，你的身体，你的大脑，你的每个细胞，你的每根神经就会迅速变得适应成功，平时觉得不可能完成的目标一下子就会变得容易起来。

人们在安逸的顺境之中，即使遇到困难，也不会太着急，能

想出方法就想，想不出方法就暂时放在一边不去管它，有时候会拖几个月甚至几年都不再去想。

而绝境会使人迅速集中精力、不停地用力去想各种方法。人们如果陷入无路可退的绝境之中，就会有一种危机感，有一种紧迫感，会促使人们白天想了晚上想，即使做梦还在想。这种高强度的脑力劳动必然会想出大量方法，大脑细胞极度活跃会使无数灵感涌现出来，这个时候就会想出各种绝妙的方法，让人们向着目标不断快速地前进。

什么叫成功状态，这就是成功状态，一旦你进入这种成功状态，成功就离你不远了。

普通人一天工作8小时，而一个事业心强的老板，往往是24小时都在上班，因为他连晚上做梦都在想着如何激励员工，如何感动客户。**如果你每时每刻都在为实现你的目标想办法，你的目标就会经常出现在你的梦中，你就会半夜突然涌现出无数灵感和方法，这个时候，你的目标就快要实现了，这就叫"梦想成真"。**

一个人处于绝境之中，就会充满紧迫感，为了完成目标，他就会日思夜想，想尽各种方法去完成目标，这个时候，他是分不清白天和黑夜的，当你分不清白天和黑夜的时候，你就快要成功了。

当人们遇到害怕的事情，往往会紧张，会害怕，会恐惧，会不安，会无法集中精力去想解决方法。而如果人们遇到真正的

第九章　断了退路，会有无数成功的方法

绝境，陷入无路可退的"死地"之中，人就会一下子彻底放松下来，既然这样，再担心也没用，人们反而一下子不再紧张，不再害怕。这个时候恐惧和不安消失了，人一下子迅速变得冷静起来，会集中精力立刻去想解决方法，这个时候人们的思维极度活跃，各种奇思妙想一下子就会全部迸发出来，会有无数令人惊叹的解决办法。

这就像劝慰那些遭遇不幸的人们，首先要让他们接受这个"无法改变的现实"。 事情既然已经发生，再痛苦也没有用，接下来最好的策略就是"改变你所能改变的，接受你所不能改变的"。

很多年前，在深圳有一个年轻人，他很想得到一份软件工程师的工作，但他学历很低，远远达不到软件工程师的要求，也没有经验，他只是自学了一年多的软件编程，他应聘了很多公司都不成功。最重要的是，他的钱已经花光，月底就要被房东赶出去露宿街头，他举目无亲无法获得任何人的帮助。

这位年轻人急了，"没有谈不成的生意，只有谈不成的价格"，他找到一家正在招人的软件公司，进去直接跟老板说："你给别人3000元，我只要1000元，而且我保证做得比别人好，如果不如别人，你立即把我开除！"

老板一听，还有这种好事，"物美价廉"啊！他没理由不答应

这个年轻人的要求，于是老板录取了他，给他一个机会，看看试用期表现如何。

之后，这位年轻人为了安全度过试用期，发疯似的每天晚上加班到凌晨一两点，周六周日从不休息，不是加倍努力提前完成工作，就是用来学习。一周的工作，他一定要在第三天提前完成，他完成的任务量是别人的两倍，而且从没出错……

一年之后，他升任为这家公司的主管。

再之后，他拥有了一家属于自己的公司。因为，只有当老板才不用学历。

对于成功来说，方法最重要！在没有退路的时候，不懂方法自然就会去学。

很多人可能会有疑问，他们说就算在绝境之下，也想不出方法，还是不能成功，怎么办呢？**实际上，很多成功的人在没有退路的时候，如果自己想不出办法，就会拼命去学习，他们学会和掌握了各种有效的方法，从而让自己迅速成功。**

人与人之间原本差距并不大，但人活一辈子，有些人只能从事一份辛苦的工作，操劳一生却只能解决温饱，而有些人却能够赚取亿万财富，赚取别人100倍、1000倍，甚至超过别人10000倍的财富。难道这些人脑子的聪明程度会超过普通人10000倍吗？！

第九章　断了退路，会有无数成功的方法

为什么很多中小企业总是做不大，只能得过且过，甚至因为各种原因最后破产倒闭，而有些企业却能够做大做强，收入超过十亿、百亿，甚至千亿规模呢？

原因只有一个，那就是成功者都是持续不断的学习者，他们**通过不断学习经营管理企业的方法、营销策划方法、销售方法，制订正确的战略战术，从而使自己成为一个成功的老板，让自己的企业持续发展，不断壮大，从而获得巨大的成功。就像那些记忆高手学会了有效快速记忆的方法，使自己的记忆能力提高100倍、1000倍。**

他们学会了让企业变大变强、提高业绩的方法，最终获得极大的成功。企业要获得成功，其中很关键的一点，就是必须要满足客户未被满足的需求，解决客户急需解决的问题，为客户创造超出他们期望的价值。

比如"**总裁方法派**"（网上学堂），"**只教方法，不讲激励**"，专门讲授中小企业做大做强的**方法**。前期仅象征性收取少量费用，赚回后面学费再学后面课程，最终实现免费帮助中小企业提高业绩**2倍、10倍、100倍的理想**。学习一个月，7节课程以内，如果觉得课程内容不能让自己的企业提高2倍、10倍、100倍业绩，**无理由全额退费。**

（大企业要做到这一点肯定比较难，但小企业只要**"方法"**正确，要做到这点却很简单。）

最重要的是，学会这些方法，可以一生受益，持续赚取巨量财富。

第十章
现在,你就能立即获得巨大的成功

本章内容,能让任何一个想更加成功的人,立即获取属于他们的成功!只需要五个简单步骤,就能够让任何人获得巨大的成功!只要按照这五个步骤去做,任何人都能够获得难以想象的、巨大的成功!只要按照这五个步骤去做,任何人都能够创造出辉煌、绚烂、幸福快乐的人生!

第十章　现在，你就能立即获得巨大的成功

这一章，只为人生想更加成功的人所写。

我们承认平平淡淡才是真，做一个普通的人也很好，而且最后我们也一定会"四大皆空"，不带走任何东西离开这个世界。人的一生，"色即是空，空即是色"。

但我还是想为那些正在奋斗的人，还想更加成功的人写下这些文字，这些文字将会使他们立即获得属于他们的成功，让他们的人生更加幸福，更加充实，更加有意义。

卵子在几亿个精子之中只选取一个，所以我们这辈子能来到这个世界上是一个极小极小的概率，只有几亿分之一。我们只有这一次机会！而且在成年进入社会之后，我们人生还剩余的时间，仅有一万多天。

我们要么是平庸、辛苦、劳累地活着，要么是尽快成功，过上幸福、满足的人生。那么，请你认真思考之后告诉我，你想过什么样的生活，你想要什么样的人生？

请你再认真思考一下，然后大声告诉我，你想更加成功吗？

请你大声回答！你想成功吗？你想更加成功吗？你想获得巨大的成功吗？

请你写下来！你可以写在下面空白处，但更重要的是，你一定要写在你每天都能看到的地方！

第十章 现在，你就能立即获得巨大的成功

立即成功第一步

请大胆树立一个你想完成的目标（注意：你树立的总目标一定是明确的、具体的，可分解为立即行动的小目标。绝不能是笼统、模糊、宽泛、不够明确的目标，详见第五章第2部分内容），并且发誓一定要完成！

现在就请你写下来！写下你的誓言和目标！

立即成功第二步

写下你要完成这个目标的计划和实现方法,以及完成期限。如果方法不会,就要做好学习的计划,还需要做哪些准备,都请写在计划里。

请你现在立即写下来!

第十章　现在，你就能立即获得巨大的成功

立即成功第三步

分解你的目标。制订出每年、每周、每天的计划。

请你现在立即写下来！

今天的计划！今天要做什么，每件事完成的时间，需要精确到分钟！

每一天的计划，请在前一天晚上，或者每天早上，在两分钟之内写下来！

无路才有路

立即成功第四步

立即对照计划坚决行动！立即向你的目标发起攻击！立即向你人生的高地发起冲锋！

第十章　现在，你就能立即获得巨大的成功

立即成功第五步

最重要的来了！保证让你一定成功的步骤来了！

请把退路断掉！

断了退路，你就只能前进，不能后退！在无路可退的绝境之中，你就只能成功，不能失败！

结　语

如果你想获得巨大的成功，那就请你一定要做到自断退路！一定要勇敢地把自己置于无路可退的悬崖边上。此时，前面是你成功的目标，而身后就是万丈深渊！此时，你只能前进，不能后退！此时，你只能战胜困难，拼死决战！此时，你只能成功，不能失败！

从此之后，处于绝境中的你自然就会"胆大"无比！为了跳出困境，你就会有无数"胆大"的想法！此时，没有什么是你不敢做的，你就会变得非常"胆大"！此时，你将不再害怕任何事情，此时，你就会发现，世界上没有什么事情是做不成的！

从此之后，处于绝境中的你就会"抓住机会，树立明确的目标"。这个明确的、具体的目标会引导退无可退的你拼死一搏、立即行动，它会让你绝地重生、获得成功！

从此之后，处于绝境中的你就一定能够"狠下心来，立即行动"

！就像那头被抓住的狼一样，为了逃命狠下心来，立即去咬断自己的一条腿！

从此之后，处于绝境中的你跟你的同伴就会"共同合作，高度团结"，此时，你的团队就能成为一块钢，一块铁！你们就能战无不胜，攻无不克！就能够完成你们共同的目标，就能最终一起胜利，一起成功！

从此之后，处于绝境中的你在遇到任何困难时，就会"不怕挫折、坚持到底"！因为你已经无路可退，为了跳出火坑，你就一定能够做到"坚持到底，绝不放弃"！

从此之后，处于绝境中的你就会具备"极高的效率"，绝境就会使你不敢拖延，就会使你持续快速地向前推进，迅速成功！

从此之后，处于绝境中的你就会拥有超强的忍耐力，你就会愿意为了完成目标等待更长时间，为了成功你自动就能做到"延迟满足"，你自动就会"奋斗在先，享受在后"。

从此之后，处于绝境中的你自动就会"决心足够大"。真正的绝境会让你连死都不怕！当你连死都不怕的时候，就没有完成不了的目标！当你连死都不怕的时候，任何困难和障碍都可以跨越！

结　语

当你连死都不怕的时候，任何问题都可以解决！只要"决心足够大"，任何人都会成功！

从此之后，处于绝境中的你就会努力去想、去用、去学习"正确的方法"。

对于成功来说，方法最重要！很多人不成功，都是因为方法不对。那些成功的人，都是因为拥有了快速有效成功的方法，那些富可敌国的企业家，都是因为持续不断地学习，他们学习如何经营管理企业，如何占领市场，他们学习如何创造巨量财富的方法。

从此之后，处于绝境中的你就会极大地"发挥潜能"。因为此时，你已经走投无路，为了求生，你就会拼命奋斗，决一死战！你就会爆发出巨大的能量！去完成一个又一个原来你觉得不可能完成的目标，不断成功！去获取难以想象的、巨大的成功！去创造辉煌、绚烂、幸福快乐的人生！

还有，不要忘了，成功路上，有我在祝福你。当你觉得苦的时候，当你觉得难的时候，当你觉得过不去的时候，都可以与我联系。

因为我做的事情，就是让你们都能成功！你们的成功，就是我最大的快乐，最大的满足！你们的成功，就是我最大的成就！

后 记

那些为人类做出贡献的科学家、发明家、教师、医生、工程师，那些为了人类生活更美好的艺术家、音乐家，那些为了国家做出贡献的建设者、军人，那些兢兢业业的上班族……他们提供了我们社会需要的产品和服务，让我们的生活更加幸福和满足。还有那些养育了儿女的父母，他们也同样伟大。在我们的心目中，他们都是成功者。

每个人心中都有自己对成功的定义，有人说，只要能实现自己的目标就是成功，有人说，只要能活得快乐就是成功，也有人说，能够实现财务自由就是成功……

同样的，那些成千上万不甘平庸的人，通过开公司成为企业家，他们在自身获取大量财富的同时，也为国家创造了巨量的GDP、税收和就业岗位，他们为国家做出了巨大贡献，他们同样也是成功者，他们同样应该受到人们的尊重。

本书受篇幅和主题所限，还有一些内容无法与读者分享；另外，很多读者朋友也希望互相交流，互相学习和提高。想想能认识更多朋友也是人生一大快事，有些读者朋友还有很多话想说，有很多问题想问……

因此，为了满足大家这些需求，我们组建了一个成功俱乐部。凡本书读者，只要扫描关注微信公众号"总裁方法派"（微信号 ceoffp），都可以免费加入进来。

加入进来的读者，有什么问题都可以提出来，我们将会在公众号中给大家解答。如果你有成功的故事，也可以来稿登出，我们分享你成功的故事，也分享其他成功者的故事，我们向所有读者分享企业家的赚钱经验。俱乐部成员在此共同交流，共同提高。

我们希望更多的读者加入进来，我们希望更多的读者能够成功！

"总裁方法派"微信公众号 ceoffp